中国垃圾焚烧发电厂
规划与设计

赵光杰 王大鹏 主编

辽宁科学技术出版社
·沈阳·

主　　编：赵光杰　王大鹏

主任编委：顾晓山

编委（按姓氏音序排列）：

陈德喜　程　波　褚国彬　鄂宏彪　冯志翔　谷孟涛　顾伟文　韩舒飞　郝敬立　何　晶
洪　勇　黄群星　金　亮　李海疆　梁伍一　廖立军　刘　涛　卢　方　罗国鹏　吕志刚
马懿明　寇　　　潘正琪　彭泽均　瞿兆舟　桑　晟　沈　东　沈林华　沈志远　石　靖
王　纯　王德锋　王进进　王武忠　魏　辉　魏　嵘　翁来峰　吴崇禄　吴　剑　吴　亮
吴伟接　夏　玲　薛韶辉　殷笑晗　原晓华　张洪波　张剑锋　仲　夏　周　锐　邹昊舒

主编单位：中国联合工程有限公司

参编单位：

中国城市建设研究院有限公司

中国恩菲工程技术有限公司

中国五洲工程设计集团有限公司

中国航空规划设计研究总院有限公司

中国核电工程有限公司深圳设计院

中冶南方都市环保工程技术股份有限公司

中国电力工程顾问集团华东电力设计院有限公司

中国电力工程顾问集团西北电力设计院有限公司

中国能源建设集团广东省电力设计研究院有限公司

光大生态环境设计研究院有限公司

广州华科工程技术有限公司

光大环保（中国）有限公司

中国锦江环境控股有限公司

翰蓝环境股份有限公司

旺能环境股份有限公司

重庆三峰环境集团股份有限公司

上海康恒环境股份有限公司

绿色动力环保集团股份有限公司

杭州市环境集团有限公司

绍兴市环境产业有限公司

浙江大学

序

我国生活垃圾发电自1988年开始,已有30多年的发展历程,垃圾的成分与热值、技术水平、建设标准、设计理念、规划要求、投资模式、营运管理都发生了很大变化,涌现和锻造了一批对环保有作为的投资商、优秀的设计团队、高效的建设队伍以及良好的营运管理。到目前为止,我国的垃圾发电项目在数量、规模、装机容量、总处理量上都处于世界领先地位。建造了一批优秀作品,这些作品逐渐消除了人们对垃圾发电的误解。完善的规划、顺畅的总平面布局、新颖的外观设计、良好的臭气及噪声控制、高水平的技术、严格的排放标准、与周边的和睦相处,让人们更容易接受垃圾发电项目。

垃圾发电要建造成精品项目,规划与设计至关重要,是项目成功的前提条件,没有完善的规划与设计,其后投入多倍的努力也难以达到良好的效果。本书对垃圾发电项目规划的要素、设计的要点进行了梳理与总结,对垃圾发电项目建设有指导性作用,有利于我们项目建设少走弯路、不留遗憾。

书中的论点都是实践中的总结,是作者对行业的奉献。垃圾发电在国内还有发展空间,希望同行共同努力,建造更多杰出作品。

—— 何伟才

何伟才:广州华科工程技术有限公司总经理、中国环保产业协会固废专家、国务院津贴专家、行业设计大师、教授级高工。1992年起从事垃圾发电、秸秆发电、污泥处理、餐厨处理项目工程设计。在垃圾发电项目推广标准化、模块化、优化设计的模式,有利于提升技术指标、提高设计效率、保证设计质量。

目 录

第一章 引言

城市生活垃圾是现代社会人类生产生活过程中产生的废弃物，无害化处理是每个城市运行的刚性需求，是城市生态环境保护的重要内容。作为人口密集、土地利用面积紧张的城市，焚烧发电是国际公认的主流处理方式，是城市可持续发展的重要基础设施，也是城市化建设的重要配套设施。

我国人口基数大，大部分城市可利用土地紧缺，当前及未来，我国人口稳步增长，城市化率迅速提高，垃圾清运量快速增加，垃圾处理压力越来越大，一些地区"垃圾围城"成为当地生态环境恶化的重要因素，成为人民群众普遍关心的突出问题，迫切需要加快发展垃圾焚烧发电予以解决。

垃圾处理是生态文明建设的重要内容。党和国家对生态文明建设高度重视，党的十八大以来，环境保护力度空前提高，环保督查、环保巡视、环保执法等进一步趋严，社会公众环保意识显著增强。特别是党的十九大提出，建设富强、民主、文明、和谐、美丽的社会主义现代化国家，建设美丽中国和美丽世界，将生态文明建设作为习近平新时代中国特色社会主义思想的深刻内涵，作为中国特色社会主义事业"五位一体"总体布局的重要组成部分，对垃圾处理工作进行了部署。

2016年以来，国家研究出台了一系列政策措施，推进垃圾焚烧发电可持续健康发展。党中央将防范化解重大风险与脱贫攻坚、污染治理一起作为当前和今后三大攻坚任务，中央对防范化解垃圾焚烧发电"邻避"问题高度重视，相关部门研究出台了一系列对策措施。国家能源局印发了《可再生能源发展"十三五"规划》和《生物质能发展"十三五"规划》，提出了垃圾焚烧发电发展目标、任务和措施，并颁布了"十三五"垃圾焚烧发电项目布局规划。国家发展和改革委员会印发了《"十三五"全国城市生活垃圾无害化处理设施建设规划》。环境保护部出台了垃圾焚烧发电项目"装、树、联"监管措施，加强了对项目污染物排放的监管。住房和城乡建设部印发了《关于进一步加强城市生活垃圾焚烧处理工作的意见》，切实加强城市生活垃圾焚烧处理设施的规划建设管理工作，提高生活垃圾处理水平。

1.1 国内垃圾焚烧发电处理现状

目前，我国垃圾焚烧发电装机规模、发电量均居世界第一。截至2018年年底，我国内地建成并投入运行的生活垃圾焚烧发电厂约364座、总处理能力为37.0万吨/日，总装机约为7780兆瓦，另有在建项目约300座。投运产能同比增速由10%~15%提升至25%，每年新投产项目由2~4万吨/日，提升至7万吨/日。其中采用炉排炉的焚烧发电厂有284座，合计处理能力达到29.7万吨/日，装机达到5970兆瓦。

2019年全国范围内拟将建设的涉及垃圾焚烧的项目多达426项，覆盖了全国29个省、市、自治区。

预计到2020年年末，全国城市垃圾焚烧建成的投运项目有望达到550座左右，垃圾焚烧处理规模有望达到或超过55万吨/日，垃圾焚烧处理率有望超过50%。结合当前仅不足40%的占比情况，"十三五"期间垃圾焚烧项目的年均占比增速能够超过2.5%。

根据我国各省人口数量、城市化进程及生态文明建设目标，预计到2025年，我国城市和县城生活垃圾清运量约4.4亿吨，垃圾焚烧发电占垃圾清运总量比例将超过60%，日均焚烧处理能力约72万吨；到2035年，我国城市和县城生活垃圾清运量约5.5亿吨，垃圾焚烧发电占垃圾清运总量比例将达到75%，日均焚烧处理能力约112万吨。

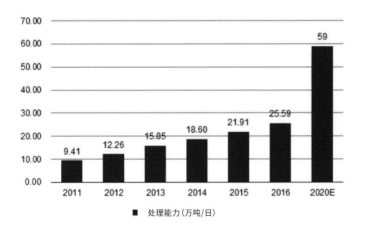

至2020年全国生活垃圾焚烧日处理能力分布图

1.2 国内垃圾焚烧发电趋势

焚烧炉向国产大型化机械炉排垃圾焚烧炉发展为主

从焚烧炉类型来看，2016年年末我国焚烧发电项目总装机容量543万千瓦，总处理能力28万吨/日，其中采用炉排炉技术的焚烧项目装机容量407.2万千瓦，处理能力22万吨/日；采用流化床技术的焚烧项目装机容量135.8万千瓦，处理能力6万吨/日。

对比2010年，焚烧技术的占比发生重大变化，到2016年，炉排炉的装机占比从37%提高到75%，日处理能力占比从46%提高到79%，可以看出，炉排炉技术逐步占据我国垃圾焚烧处理方式的主导地位。

因为大型机械焚烧炉具有单条生产线处理能力大、土地占用量少、相关技术成熟度高、维护成本低的优点。随着垃圾焚烧发电工艺技术进步和土地资源越来越珍贵，机械炉排式垃圾焚烧炉将朝着大型化、智能化和高效化的方向发展。机械炉排垃圾焚烧炉单炉处理能力由过去300~500吨/天焚烧炉为主，发展为以750吨/天焚烧炉为主，并逐步朝向850~1000吨/天规模方向发展。

余热发电向高参数高效率方向发展

随着堆焊技术的不断推广，成本由原来的2万元/平方米，下降至1万元/平方米左右，垃圾焚烧余热锅炉出口过热蒸汽逐步由中温中压参数（4.0兆帕，400℃或450℃）转向中温次高压参数（6.4兆帕，450℃）。李坑一期项目建设比较早，采用中温次高压（6.4兆帕，450℃）参数，算是国内采用高参数的一次尝试，运行效果不佳。目前，北、上、广、深等一线大城市在建或拟建项目均采用高参数锅炉参数，如老港二期采用5.3兆帕，450℃参数，深圳东部采用6.4兆帕，450℃参数。除此之外，目前各大投资商如康恒、光大等均开始采用高参数余热锅炉。光大已经开始尝试采用中温超高压，13.7兆帕，450℃参数，一次中间再热的方案，发电效率可以提高到30.48%。25兆瓦及以下等级的逐步采用高转速汽轮机。

烟气净化向超净排放方向发展

目前经济发达的苏浙沪深地区和重要区域都相继出台比欧盟2010和国标更严苛的地方标准,甚至接近超清洁近零排放标准,随着近几年环保政策的相继推出,超低排放烟气治理技术也得到了迅猛发展。大型生活垃圾焚烧发电厂均采取了非常先进的烟气净化技术,SCR技术应用逐步增多,部分地区增加湿法脱酸和烟气脱白设施。

去工业化、邻利效应不断显现

"邻避问题"在许多垃圾焚烧发电发展十分成熟的国家都曾经遭遇过,国外通过提前公示项目选址信息、保持长时间稳定运行、提升污染物排放水平、公开污染物排放信息、向社会公众开放厂区以及为周边居民供热等措施,逐渐把"邻避效应"变成了"邻利效应"。

焚烧发电厂建筑外立面设计由原来的工业化厂房,逐步向花园式工厂发展,建设成为"工业旅游、循环经济、环保示范、科普教育、党建教育"五大基地,主动融入项目周边社区,积极践行村企共建,实现文化的引领和民众的参与。

生活垃圾分类收集和RDF资源化综合利用是未来发展方向

2016年9月,国家发改委、住建部联合发布《垃圾强制分类制度方案》,2019年4月,国家发改委、住建部等10个部门联合发布《住房和城乡建设部等部门关于在全国地级及以上城市全面开展生活垃圾分类工作的通知》,完善垃圾分类的法律法规,建立了生活垃圾减量化、无害化、资源化和产业化的基本体系。"垃圾分类"已经从民众个人行为上升到国家战略发展层面,由此,

国家战略与行业导向在垃圾分类政策层面达成了高度的一致。全国46个垃圾分类重点示范城市目前正在积极响应垃圾强制分类政策。随着生活垃圾源头分类措施的不断完善,未来生活垃圾RDF资源化综合利用技术热度会不断加强。

循环经济静脉产业园是未来发展规划目标

资源循环利用基地是对废钢铁、废有色金属、废旧轮胎、建筑垃圾、餐厨废弃物、园林废弃物、废旧纺织品、废塑料、废润滑油、废纸、快递包装物、废玻璃、生活垃圾、城市污泥等城市废弃物进行分类利用和集中处置的场所。基地与城市垃圾清运和再生资源回收系统对接,将再生资源以原料或半成品形式在无害化前提下加工利用,将末端废物进行协同处置,实现城市发展与生态环境和谐共生。资源循环利用基地是新型城市建设的功能区,是破解垃圾处置"邻避效应"的主要途径之一。

第二章 项目规划设计元素与要点

2.1 规划选址原则

"需要你,但不愿意靠近你",是一些民众对建设城市生活垃圾焚烧发电厂的心态,也称"邻避情绪"。同时,这也反映了目前我国在城市垃圾处理设施建设中遭遇的尴尬与无奈。

生活垃圾焚烧发电厂的选址不能混同于普通项目,要综合考虑民生权益和长远生态利益,要突出规划的引领和约束作用,因此科学制定规划,优化选址至关重要。

生活垃圾焚烧发电项目的规划选址应符合以下几个原则:
2.1.1.规划协调性原则
厂址选择应符合城乡总体规划、环境卫生专项规划、土地利用规划、环境保护、水土保持等要求,并应通过环境影响评价的认可。

2.1.2.科学合理性原则
厂址选择应符合生态保护、饮用水源保护、文物保护、矿产资源、机场净空、文化遗址、军事设施、风景名胜区等的要求。同时,厂址宜选择在附近居民区或生活水源地常年主导风向的下风向。

2.1.3.便捷性原则
(1)厂址选择应综合考虑垃圾焚烧发电厂的服务区域、服务区的垃圾转运能力、运输距离、预留发展等因素;

(2)厂址与服务区之间应有良好的道路交通条件;
(3)厂址选择时,应同时确定灰渣处理与处置的场所;
(4)厂址应有满足生产、生活的供水水源和污水排放条件;
(5)厂址附近应有必需的电力供应。对于利用垃圾焚烧热能发电的垃圾焚烧发电厂,其电能应易于接入地区电力网,并考虑输电出线方向、电压等级与回路数、高压线对附近建构筑物的影响等因素。

2.1.4.安全性原则
(1)厂址应满足工程建设的工程地质条件和水文地质条件,不应选在发震断裂地带、滑坡、泥石流、沼泽、流砂、岩溶发育及采矿陷落区等地区;
(2)厂址不应受洪水、潮水或内涝的威胁;必须建在该类地区时,应有可靠的防洪、排涝措施,其防洪标准应符合现行国家标准有关规定。

生活垃圾焚烧发电厂项目的顺利实施,离不开合理规划和选址,要让民众接受垃圾焚烧发电厂的存在,从情感上不再厌恶,根本上是对焚烧发电厂从设计、建设和运营各方面提出了更安全、更清洁、更高效、更亲民的要求,实现低碳环保、和谐共赢的可持续发展目标。

2.2 总平面布置要求

生活垃圾焚烧发电厂的总平面应以焚烧发电厂房为主体进行布

置,其他各项设施应按垃圾处理流程及各组成部分的特点,结合地形、风向、用地条件,按功能分区合理布置,并充分考虑厂区整体效果的协调和美观。

厂区的总平面布置有以下几个原则:
(1)在满足总体布局和主要生产厂房工艺流程的前提下,尽量做到功能分区明确、合理,管线主要通道宽度适当,各类管线布置便捷、合理;
(2)合理确定竖向布置,节省建设工程量;
(3)垃圾焚烧发电厂人流和物流的出入口设置,应符合城市交通的有关要求,并应方便车辆的进出。人流、物流应分开,并应做到通畅;
(4)注重环境保护,充分利用自然条件,加强绿化,营造现代厂区氛围;
(5)严格执行国家现行的消防、卫生、安全等有关的技术规范;
(6)因地制宜,合理布置,总平面布置与建筑方案相协调,并具有前瞻性。

通常情况下,生活垃圾焚烧发电厂的厂区划分为四个功能分区:行政管理区、辅助生产、主厂房区和水处理区。

行政管理区包括行政办公楼、宿舍、食堂、传达室及厂前集中绿化,统称为"厂前区"。顾名思义,厂前区一般布置在厂区近人流入口处,面向厂外道路,是一个焚烧发电项目除生产厂房外的良好形象展示,由于不涉及工业设备,更偏向民用和公用建筑,设计方案往往较为大胆,配合绿化设计和景观照明,是厂区的亮点之一。

主厂房区是生活垃圾焚烧发电厂的核心,一般布置在全厂的中心区域,包括主厂房、烟囱和上料坡道。主厂房占地面积大,建筑体量宏伟,往往进厂前其建筑效果就映入眼帘,因此是全厂建筑方案设计的重点。主厂房中布置有焚烧炉、余热锅炉、烟气净化、汽轮发电机组、风机、除氧器等生活垃圾焚烧发电的核心设备,是垃圾运输车、各物料运输车往来进出的集中区域,也是各类社会团体宣教参观的必经线路,因此主厂房的方向、布局、交通组织在总平面布局中占据最重要的地位。

水处理区主要包括循环及综合水泵房、冷却塔、工业消防水池和垃圾渗沥液处理站等,与辅助生产区一样为生活垃圾焚烧发电的主体工艺服务。考虑到该区域中的综合水泵房、冷却塔在生产过程中会产生一定量的噪声和白色水雾,通常该区域布置在远离参观流线的区域,结合焚烧发电工艺要求布置设计。

辅助生产区包括门卫地磅房、飞灰养护车间、点火油库等。该区域的建构筑物单体零散,相对独立,部分因其具有防火、防爆等要求远离生产厂房,布置在厂区周边,减少安全隐患。

厂区总平面布置除平面外,竖向设计也是一个生活垃圾焚烧发电厂布局是否合理的关键。对于一般地形的厂区竖向布置,根据生产工艺流程要求,结合厂区地形与地貌条件、场外道路及自流管沟标高、洪水位标高、工程地质条件、水文地质条件、气象条件以及建设费用等综合因素考虑，多采用平坡式布置或阶梯式布置。竖向设计的原则之一即使土石方工程量最小，地基处理和场地整理措施费用最少，并使填方量和挖方量接近平衡。

对于复杂地形的厂区，当自然地形地貌坡度≥3%时，推荐采用阶梯式布置。阶梯的规划，要考虑到工艺流程、交通情况以及地下管线、沟道等设施的合理布置。

厂区绿化不仅给厂区带来了生机，增添了美感、净化了环境，而且强化了厂区特色。作为环境塑造的重要内容——绿化布置，是全厂总平面设计的重要组成部分，不仅对垃圾焚烧发电厂的美观整洁起着装饰烘托作用，而且功能上可以减少尘土的形成，改善空气卫生条件。在设计中利用绿化做引导指向，形成厂区内不同区域的自然分隔；在道路主要交叉点设置景点，把某些建筑物作为道路背景，使建筑绿化与周围环境共同组成一个完整的空间形象。

厂区景观绿化设计的基本要求：
(1)因地制宜地统筹规划，合理布局，将景观设计融入总平面设计中；
(2)垃圾焚烧发电厂的绿化布置应根据其规模容量、生产特点、总平面及管线布置、环境保护、美化厂容的要求和当地自然条件、绿化状况，因地制宜，统筹规划，合理布局，分期实施。使厂区绿化既与当地区域绿化体系相协调，又能自成绿化体系；

(3)景观绿化设计应与垃圾焚烧发电厂建筑风格相协调；
(4)垃圾焚烧发电厂的建筑隶属于工业建筑，有别于民用建筑，绿化设计时应体现工业建筑绿化设计"实用、经济、美观"的特点。

对于生活垃圾焚烧发电项目，厂区绿化已被放在非常重要的地位，在符合规范要求的前提下，尽量栽植树木花草，选择可滞留灰尘的树种和适当设置绿化隔离带，树立优美的厂容厂貌。

对于有海绵城市要求的项目，景观绿化设计应结合海绵城市理念，遵循生态优先等原则，将自然途径与人工措施相结合，在确保厂区排水防涝安全的前提下，最大限度地实现雨水在厂区域的积存、渗透和净化，促进雨水资源的利用和生态环境保护，通过将防、排、渗、蓄、滞、处理等措施有机融合，统筹自然降水、地表水和地下水的系统性，协调给水、排水等水循环利用各环节，使厂区年径流总量和外排雨水量径流系数得到有效控制。

2.3 去工业化设计

工业文明是推动社会飞速发展的巨大动力和源泉，工业建筑作为直接服务于工业生产的建筑类型，曾为推动工业生产的发展做出过重要的贡献。生活垃圾焚烧发电厂既划为市政工程范畴，也属于工业生产项目。以往垃圾焚烧发电厂给人的印象往往和"脏、吵、臭"等字眼联系在一起，更接近火力发电厂的形象。

在了解垃圾焚烧发电厂的建筑发展历史之前,先来看下电厂建筑的发展历程。我国火力发电厂建筑的发展是与电力工业的发展紧密相连的,新中国成立前电厂厂房非常简陋;20世纪50年代大部分采用欧洲风格;60年代采用因陋就简的方案;70年代由于建筑材料的发展,推动了建筑设计的发展,使电厂建筑初具中国特色;80年代后逐步趋向于采用建筑技术和艺术相结合,并且注重整体效果的风格;到了21世纪随着民用建筑的设计手法及建筑技术与材料的发展,火电厂建筑风格更是五花八门、各具特色,有些设计师提出"去工业化"的非理性思维。但火力电厂的建筑风格依然工业气息浓重。

虽与火力发电厂相似,但生活垃圾焚烧发电厂由于其自身敏感性的特点,走出了一条独特的建筑发展历程。与火力发电厂不同之处在于,垃圾焚烧发电厂建筑不仅仅是企业文化的重要表现形式和传播载体,更是作为每个城市最重要的基础设施之一,承载着每一个城市政府和市民对蓝色焚烧的期望,对无废城市的期望,对绿色发展的期望。千篇一律、呆板俗套的工业化形象并不适合城市重要基础设施的文化诉求,因此需要通过"去工业化"的设计理念来进行改变。

所谓的"去工业化"设计就是要求工业建筑像民用建筑那样拥有建筑艺术性,创造宜人、优美、时尚、有文化内涵的建筑空间及环境。具体来说就是在充分尊重工业建筑原有的功能、流线等的前提下,在建筑外观设计上尽量做到贴合实际,经济实用,美观大方,尽可能消除工业建筑本身的冰冷感;在空间上关怀人对

物质空间环境的体验和感受,体现出"以人为本"的设计原则;与当地的自然生态环境、人文环境相融合,创作出契合当地文化的工业建筑,打破千篇一律的呆板形象。方案设计时汲取地方文化、城市特点、民风民俗,打破传统电厂设计思维,在电厂总平面、建筑立面造型、建筑表现、建筑物集成等方面改变电厂工业建筑特色,对电厂特有的构筑物如烟囱、冷却塔等外形进行美化设计,削弱工业建构筑带给人的冰冷感,增加公用、民用建筑的特色,在造型、色彩等方面融入地方特色和现代工业元素,并与周边环境和建筑群相协调。但"去工业化"设计并不代表完全剥离工业化元素,优秀的"去工业化"设计,使厂区建筑既有工业建筑的美感,又兼具艺术美学的气息,能够呈现出不同建筑风格的地标形象。

生活垃圾焚烧发电厂"去工业化"设计创作主要围绕以下几项原则展开:

(1)厂房的体型设计上,严格根据垃圾焚烧工艺提出的功能要求,做到形式追随功能,从而使空间得到最合理的利用,做到经济实用,美观大方;

(2)建筑造型设计与所在地块发展相协调,做到建筑与自然环境历史文化相融合,具有前瞻性;

(3)建筑造型和周边环境完美结合,从而达到一种共生的策略,尽可能消除工业建筑本身的冰冷感;

(4)建筑体量尽可能做到简约、精致,用现代设计理念体现垃圾焚烧发电厂的特点和内涵;

(5)建筑功能、环境、材料等基本要素,整合于建筑中,展现出简

明的主题与复杂意义的完美结合;

(6) 注重实现建筑功能性和流线,最大限度体现建筑的经济性和效率性;

(7) 注重技术与智能设计的人性化,在建筑外形及空间上,贴近生活,多方位体现"以人为本"的设计,使其充满生机和活力。

2.4 厂房的密闭性要求

垃圾焚烧发电厂的密闭防臭是项目成败的关键之一,其臭气源主要来自以下几个方面:

(1) 卸料大厅:垃圾卸料、洒落、渗沥液滴漏。

(2) 垃圾坑:垃圾堆放、发酵,渗沥液析出。

(3) 渗沥液收集间:渗沥液走道及渗沥液收集池。

(4) 锅炉间:排渣口,垃圾渗沥液从推料器渗漏到炉渣输送系统。

(5) 上料坡道:垃圾收集车在运输过程中滴漏到上料坡道路面。

(6) 渗沥液处理站:MBR池、污泥脱水间和综合处理池所产生的臭气。

对于容易散发恶臭气体的区域,均采用分区全密闭设计,针对防臭要求,主要区域采取以下措施:

(1) 卸料大厅屋面采用密封性能好,耐腐蚀的天基板,屋顶采光窗采用封闭式天窗,外墙采用加气混凝土砌块墙体,内侧做1米高防腐墙裙,其余采用水泥砂浆涂料内墙面。

(2) 垃圾坑屋面与卸料大厅相同,采用天基板,屋顶采光窗采用封闭式天窗,垃圾坑投料平台以上与垃圾坑相通的外墙体均采用150毫米厚钢筋混凝土墙体,可以有效地加强密封性;与其他房间相通处设置双道密闭门的气闸间。所有电缆、管道等均集中进入垃圾坑。混凝土或砌块墙体孔洞＞50毫米,用C20素混凝土封堵时,预留10毫米缝隙,用建筑密封膏填缝。混凝土或砌块墙体孔洞≤50毫米和轻质墙体孔洞,直接用聚氨酯发泡填缝,并用建筑密封膏修补严密;聚氨酯外抹5毫米厚聚合物砂浆,并压入一道玻璃纤维网格布。预埋套管与穿墙管之间的缝隙用建筑密封膏填缝。

(3) 上料坡道采用轻钢结构封闭,可以防止臭气无组织扩散。

2.5 主厂房平面布置和功能划分

垃圾焚烧发电厂的主厂房是全厂的核心建筑,也是集生产管理、运行维护、工艺设备为一身的综合性厂房。

主厂房内应分区合理,利于生产管理和运行维护,一般情况下包括垃圾卸料大厅、垃圾贮坑、水处理间、空压站、工具间、机修间、锅炉间、集中控制室、汽机间、烟气处理、烟囱、上料坡道等。上述车间根据垃圾焚烧发电厂的工艺流程要求进行布局;除此之外其他生产辅助用房包括大堂、办公室、接待室、走道、卫生间、更衣室等以方便日常生产需要为原则分散布置。主厂房生产区每一区域分隔面积都做到既满足工艺使用要求又满足生产活动要求,应做到平面形式规整,占地面积精简。

考虑到垃圾运输、贮存等工艺要求同时结合项目建设进度要求,通常主厂房采用钢筋混凝土框排架辅以网架结构,厂房高度超过30米,生产火灾危险性类别为丁类,属于二级耐火等级建筑。

主厂房建筑主体属高层工业建筑,用于堆放垃圾的贮存坑为单层建筑,局部两层,采用现浇钢筋混凝土全封闭结构。垃圾贮存坑容量设计需考虑垃圾5～7天的贮存量要求。由于垃圾其自身特点,垃圾坑在设计时需考虑防腐抗渗的相关措施。

垃圾贮存坑外侧为封闭式垃圾卸料大厅,垃圾卸料平台采用现浇钢筋混凝土结构,其长度和宽度尺寸需满足垃圾车卸料的要求。考虑到空间的充分利用,通常在垃圾卸料平台下布置空压站、水处理间、机修间等辅助车间。

垃圾坑另一侧依次布置锅炉间、出渣间和烟气净化间,在车间内布置有全厂最核心的设备——焚烧炉、余热锅炉及烟气净化装置。车间高度为主厂房的最高点,超过40米。

汽机间根据全厂工艺需求设置在锅炉间侧面,一般分四五层建筑,主体结构为现浇钢筋混凝土结构,屋面多为轻钢结构。汽机间一侧通常布置有高低压配电室、中央控制室、电缆夹层及生产办公区。当厂区整体面积较为紧张时,不少项目会将行政办公区域也布置在主厂房内,这样设计不仅节约占地,也提高了管理人员和生产人员的沟通效率。

垃圾吊控制室布置在与垃圾给料平台的同标高层,通常设计在垃圾坑的端头或给料斗的对侧。

主厂房可持续设计是全厂可持续建筑设计的基础和根本,其建筑体量大,功能复杂,结构形式多样,对通风、采光、防臭、隔噪的要求都很高,也使"去工业化"设计,参观流线设计、工艺系统的综合设计过程经得起反复推敲。

2.6 环保宣教

在《"十三五"全国城镇生活垃圾无害化处理设施建设规划》中明确提出"十三五"期间全国城镇生活垃圾无害化处理设施建设目标以及对应采取的各项保障措施中,要加强宣传引导的作用。规划中指出,要综合运用传统媒体和新媒体手段,搭建多层次多方位的信息渠道,大力宣传城镇生活垃圾处理的各项政策措施及其成效,及时全面客观报道有关信息,形成有利于推进城镇生活垃圾处理工作的舆论氛围。积极开展多种形式的宣传教育,倡导绿色健康的生活方式,普及垃圾分类的科学知识,推进生活垃圾分类和回收利用,引导全民树立"垃圾减量从我做起、垃圾管理人人有责"的观念。强化国民教育,着力提高全体学生的垃圾分类和资源环境意识。

很多垃圾焚烧发电厂建成完工后,都转身成为环保教育基地,实现对外"两个窗口"的展示作用。

一是成为科普宣传的窗口。针对周边社区居民、学校社团、媒体组织,宣传垃圾分类与焚烧技术知识,有效传播"垃圾分类"和"垃圾焚烧发电"实质上是"合理处置生活垃圾的两种手段"。通过多种展示形式的结合,让来访者参与互动学习,了解"分类"首先提炼出了垃圾的"资源价值";"焚烧发电"进而提炼出了垃圾的"能源价值和剩余价值",二者的互补关系。

二是成为项目成果的对外形象窗口。针对上级指导、同业调研、社会环保监督等需求,提供合理便利条件,践行公开透明的管理理念,让焚烧发电厂的技术能力、生产运营展现在公众监督之下,充分展现焚烧技术的有效可靠,进而实现对企业形象品牌的认知、认可。

通常情况下,生活垃圾焚烧发电厂的主厂房展示区域主要有0米层的门厅区域、8米层的卸料大厅、参观通道及中控室区域、22米层的垃圾吊控制室区域。环保宣教应结合精心设计的参观流线展开,合理的参观流线设计应基于以下原则:
(1)应针对不同的参观受众分别进行设计,满足不同参观团体的个性化需求;
(2)同时做到参观过程中参观人员不走回头路,且与内部工作人员生产流线分隔不干扰;
(3)参观流线布置合理,环形布置有效避免了人流交叉、反复的

弊病,同时将各个参观中心有机地串联起来,不易使人产生疲倦和审美疲劳的感觉。

在整个厂区规划中,应对参观人流进行整体设计。首先,参观人员来到厂区主入口广场,富有特色的建筑群和景观园林美景呈现给人们的是别具一格的现代垃圾焚烧发电厂。进入主厂房的大堂,站在宽敞、顺畅的参观通道,人们可以清晰地了解垃圾焚烧发电的全过程,并可前往卸料平台参观垃圾车卸料的全过程,本参观通道的设置既需满足参观的完整性,又应考虑参观通道的独立性。随即参观者可通过电梯来到垃圾吊车控制层,观看垃圾抓斗从垃圾贮存坑抓取垃圾的全过程。参观完成后,人员可乘电梯返回首层大厅。

在打造"工业旅游、环保教育、循环经济、科普教育、党建教育"五大基地的路上,生活垃圾焚烧发电厂一枝独秀地走在了前列,很多优秀的焚烧发电厂以"去工厂化"的创新理念,近零排放的生产工艺,精益求精的工匠精神,一次又一次体现环保产业的绿色主题。

第三章 案 例

杭州九峰垃圾焚烧发电工程（3000 吨 / 天）

地点 : 浙江省杭州市

建设方 : 光大环保能源 (杭州) 有限公司 (光大环保)

设计院 : 中国联合工程有限公司

项目负责人 : 赵光杰、冯志翔

工艺负责人 : 冯志翔、盛军杰、梁伍一、蒋向东、李海林

建筑负责人 : 桑晟

结构负责人 : 潘正琪

建筑方案创作团队 : 杭州中联筑境建筑设计有限公司 / 王大鹏

完工时间 : 2017 年 9 月

占地面积 : 139,700 平方米

总建筑面积 : 约 73,494 平方米

主要材料 : 陶板、U 型玻璃、花岗岩石材、仿石涂料、压型钢板、垂直绿化

工程造价 : 192,576.46 万元

焚烧炉厂家 : 光大装备公司

烟气净化工艺 : SNCR+ 半干法 + 干法 + 活性炭吸附 + 袋式除尘器 +SCR+ 湿法 +GGH+ 烟气脱白

项目背景

杭州九峰垃圾焚烧发电工程,是为解决杭州市城市生活垃圾处理日益增长的需求,实现生活垃圾处理的无害化、减量化、资源化,进一步改善生态环境而建设的重大民生工程。项目的建设不但可以大幅度减少杭州市生活垃圾的填埋量、延长填埋场的使用年限,还可以焚烧发电,变废为宝,实现生活垃圾的资源化处理,同时还能有效改善城市环境、减少恶臭污染、提升生活垃圾的处理水平,真正实现城市生活垃圾处理的"三化"目标。

本项目是浙江省、杭州市重大民生工程,由中国联合工程有限公司承担全部设计工作。项目选址于杭州市余杭区中泰街道南峰村原九峰石矿内。

设计挑战

本项目选址原为采石场,高差极大,地形复杂。项目建设规模属于特大类,系统性、综合性强,设计难度大,技术创新点多。立项初期因群众对垃圾焚烧发电项目的不理解爆发群体性事件。项目建设方和设计方致力于打造一座去工业化的工厂,努力破解垃圾发电项目"邻避效应"这一世界性难题,形成引领示范的"杭州答卷",以创造显著的社会效益。

杭州九峰垃圾焚烧发电工程从开山劈石开始,到矗立眼前的庭园式垃圾发电厂的震撼,项目安全稳定运行,环保达标排放,更主动融入项目周边社区,积极践行村企共建,优先考虑为当地居民提供就业机会,拉动周边区域的环境改善和产业升级,成功打造"工业旅游、循环经济、环保示范、科普教育、党建教育"五大基地,成为世界级的新标杆。

项目主要特色

本项目整体建筑立面简洁、干净,强调统一感。充分考虑自身与地块周边城市规划的关系,外形简洁明了,整体感强;立面采用现代设计手法,使整个建筑物看上去统一、稳健,体现现代感,创造了与众不同的建筑形象。

本项目不仅是一座垃圾焚烧发电厂,更是一座垃圾处理和环保教育的博物馆。项目汇聚了强大的设计、研发和建设团队,对锅炉本体系统、烟气净化系统、渗沥液处理系统三大核心系统进行了深入的技术研发和设备成套的方案研究,形成了一个国际一流的技术方案。

1. 主厂房   4. 冷却塔   7. 资源循环利用主题广场
2. 生活楼   5. 渗沥液处理站   8. 景观水池
3. 水泵房   6. 垃圾渗沥处理车间   9. 广场雕塑

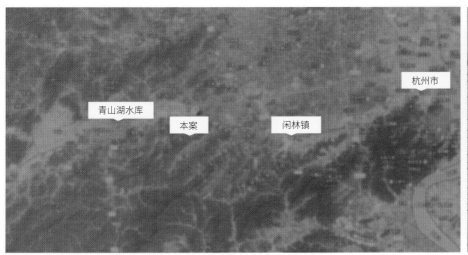

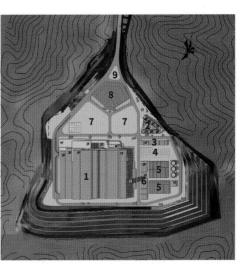

区位图   总平面图

总平面布局

根据选址地形情况、交通条件、地块形状,结合垃圾及其他物料的运输、竖向布置和功能分区等因素进行综合考虑,因地制宜,合理布置,在满足总体布局和主要生产厂房工艺流程的前提下,做到功能分区明确,交通流线设计合理,人流、车流、物流均互不干扰,充分体现设计的前瞻性。

由于该地形为一个三面环山的山谷,且只有一条现有道路通向02省道,现有道路宽度在4.0～7.0米之间,所以本项目只能设置一条对外联络道路,出入口的设置也无法完全实现人流、物流完全分开的要求。本次设计将厂外的物流道路和人流道路分开设置,并在厂门口处设计一个"Y"形路口,一定程度上实现人流和物流的分离。东侧的道路做人流主要通道,主要供人员、小汽车等的通行,西侧的道路作为物流主要运输通道,主要供垃圾、灰、渣和酸碱等的运输车辆通行。

建筑方案设计

本项目位于杭州市西郊中泰乡,周边自然生态环境良好,人文旅游资源丰富,建筑方案从场地大环境着手,充分利用废弃的采石场,依山就势,顺势而为,以"层峦叠嶂、轻云出岫"为设计理念,让建筑融于环境,呈现出独特优美的地域性。

同时合理规划功能布局,将垃圾运输、卸料等工艺性生产用房设于西区,而服务于生产用房的水工区、办公以及宿舍设于东区,充分利用现有地貌条件达到节能、节地的目的。

采石场岩壁和建筑墙面配以垂直绿化处理,让建筑和环境融为一体。

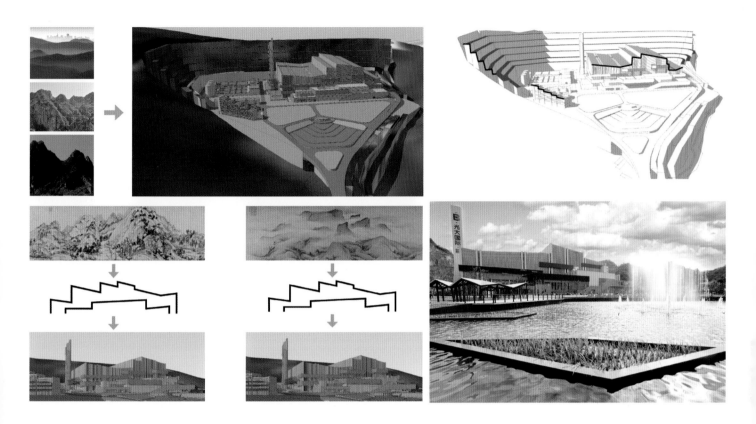

设计要点

项目位于山坳中,主厂房、倒班宿舍楼与渗沥液处理站等为多层工业厂房,体量简约、挺拔,建筑外立面通过颜色和建筑形体处理,与周边环境遥相呼应,形成一个有机而又各具特色的统一建筑群。其设计创作主要围绕下列几点展开:

·建筑设计与所在地块发展相协调,具有前瞻性

·建筑和周边环境完美结合,从而达到一种共生的策略

·建筑体量简约、精致,用现代设计理念体现集中垃圾焚烧发电厂的特点和内涵

·建筑功能、环境、材料等基本要素,以流动的手法整合于建筑中,展现出简明的主题与复杂意义的完美结合

·建筑功能性强、流线清晰,最大限度地体现了建筑的经济性和效率性

·注重技术与智能设计的人性化,多方位体现"以人为本"的设计理念

底层平面图

1. 电缆夹层
2. 汽机闸
3. 高压变频室
4. 办公楼门厅
5. 化水间
6. 空压站
7. 锅炉间
8. 尾气处理间

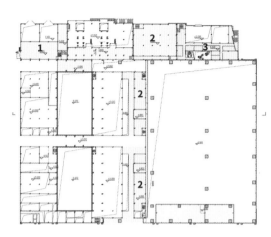

4.0 米与 4.8 米层
平面图

1. 110kV 升压站
2. 电缆夹层
3. 办公区

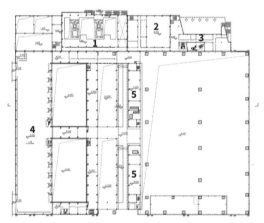

8.0 米与 9.0 米层
平面图

1. 汽机间
2. 集中控制室
3. 办公区
4. 卸料间
5. 锅炉机柜间

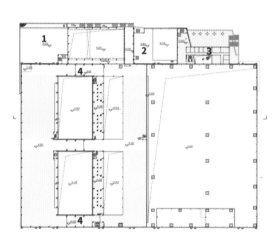

18.0 米层平面图

1. 屋面
2. 屋顶休闲花园
3. 办公区
4. 除臭间

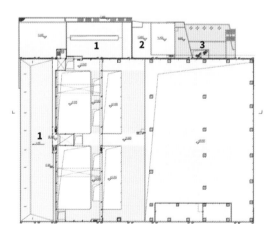

26 米层平面图

1. 轻钢屋面
2. 屋顶休闲花园
3. 景观屋面

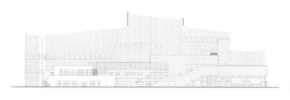

主立面图

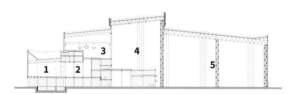

剖面图

1. 卸料间
2. 备品间
3. 垃圾坑
4. 锅炉间
5. 尾气处理间

宁波市鄞州区生活垃圾焚烧发电项目（2250 吨/天）

地点：浙江省宁波市

建设方：宁波明州环境能源有限公司（上海康恒）

设计院：中国城市建设研究院有限公司

项目负责人：卜亚明

工艺负责人：洪光、郝江涛、马津麟、石凯军、龚森、季辉、郝晓明

建筑负责人：张颖梅

结构负责人：陈希

建筑方案创作团队：法国 AIA Associés 建筑工程／张颖梅、张嘉恒、翟红霞、张映涛

完工时间：2017 年 12 月

占地面积：82,700 平方米

总建筑面积：55,125.25 平方米

主要材料：彩钢板、U 型玻璃、花岗岩石材、仿石涂料、压型钢板、垂直绿化等

工程造价：147,190.84 万元

焚烧炉厂家：上海康恒

烟气净化工艺：SNCR+ 半干法 + 干法 + 活性炭吸附 + 袋式除尘器 +SCR+ 湿法

项目背景

宁波市鄞州区生活垃圾焚烧发电项目总处理垃圾量为2250吨/天,有效地解决了宁波市鄞州区和海曙区的垃圾出路问题,提高了生活垃圾的无害化处理率,提高了生活垃圾的资源利用率,减少了生活垃圾的填埋量,改善了生态环境。

项目属于环保公益性工程,垃圾焚烧处理因具有无害化彻底、减量化显著、余热和炉渣可综合利用等优点,是近年来解决我国城镇生活垃圾处置的较好途径。本项目建设可以进一步提高宁波市垃圾处理的能力,也满足城市垃圾日益增长的需求。因此,本项目的实施,可以提高宁波市鄞州区的基础设施条件,同时也提高城市的品位,为经济可持续发展创造条件。项目选址于宁波市鄞州区洞桥镇宣裴村裴岙。

设计挑战

本项目建设厂址位于规划建设的宁波市固废处置中心建成的卫生填埋场的南侧。全厂新建建筑物主要由综合主厂房、办公及培训中心、宿舍楼、体育馆、综合水泵房、油泵房、地磅房、人流门卫等组成。场区建筑抗震设防烈度为6度。

生活垃圾焚烧发电厂是一项环境保护工程。随着我国城市现代化建设和环境保护意识的提高,垃圾焚烧发电厂建筑体量已成为城市环境建设中的一个焦点。本厂区设计力争在质量、水平上都有所提高创新,使其成为现代化、生态型的大型综合厂区。

综合主厂房作为全厂一个非常重要突出的标志性建筑物,建筑造型设计时,充分考虑垃圾生产工艺的功能需要,以简洁、实用、高效的形象,体现工业建筑的韵律、简练和美感。在建筑材料的选用上采用性能优良的节能、环保型建材。

1. 主厂房　　　　7. 净水器
2. 办公及培训中心　8. 氨水区
3. 宿舍楼及体育馆　9. 油泵房
4. 景观水池　　　10. 工业废水收集池、初期雨水池
5. 冷却塔　　　　11. 渗沥液处理站
6. 综合水泵房　　12. 飞灰间

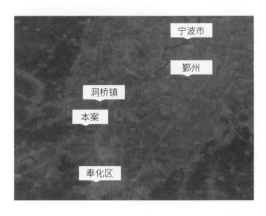

区位图

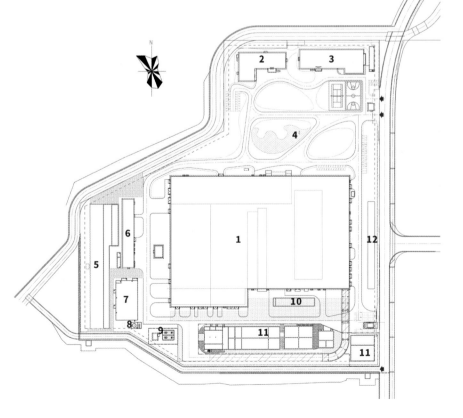

总平面图

总平面布局

宁波市固废处置中心,包括宁波市鄞州区生活垃圾焚烧发电项目,厨余垃圾处理厂工程、餐厨垃圾处理厂工程以及配套道路建设工程。目前,固废处置中心的唯一进出道路为沿山老路,路面为水泥混凝土,路基宽度 5～6 米。作为今后日处理达千吨级的处置中心的配套道路,现状显然无法满足交通量及通行要求。为保障固废处置中心项目的建设安全以及后期的顺利运营,满足市政各项配套要求以及方便沿线地块的进出,需要对项目配套道路及管线工程规划设计。处置中心未来规划共涉及两条道路:16 米规划一路与 16 米规划二路,规划一路全长约 1.72 千米,位于鄞州区范围,规划二路全长约 2.29 千米,途经鄞州区和奉化区,道路两段分别位于鄞州区洞桥镇、奉化区江口街道。综合主厂房是焚烧发电厂的核心设施和主体建筑,考虑垃圾运输情况、工艺流程及当地主导风向等因素,布置在厂区的中部,焚烧工艺流程由东向西延伸,烟囱设置在西侧。厂区物流入口设置在东南角,车辆经地磅称量后通过物流道路驶入上料坡道进入主厂房的卸料平台进行垃圾倾卸。上料坡道依据原始地形进行坡度设计,减少桥梁长度,有效降低相关造价,减少土方挖方

量,并减少因挖方带来的边坡防护工程量,同时也是水土保持的有效措施。行政管理区主要由办公及培训中心、宿舍楼、体育馆组成,布置在主厂房的北侧、厂区的最北部。办公及培训中心靠西侧布置,楼前留有大面积硬化地面广场,可作为停车场使用;宿舍楼和体育馆靠东侧布置,体育馆南侧设置室外篮球场和网球场,室外体育场地用铁丝围栏做封闭处理。厂区人流出入口和体育场出入口均设置在厂区的东北部,分别位于人流门卫的南、北两侧,统一由人流门卫进行管理。

在主厂房和行政管理区之间设置绿化景观区,建以小型人工湖、铺装广场、景观小品和集中绿化,以此形成良好的厂前景观。在铺装广场设置升旗台和企业标志雕塑。辅助生产区主要布置在主厂房的西侧,由油库油泵房、综合水泵房、冷却塔、工业消防水池、净水器、吸水前池、吸水井、沉淀池和污水处理站等组成,渗沥液处理站(预留)设置在主厂房和上料坡道之间的空地处。应急池和渗沥液处理站调节池合并,设置在地磅房的南侧、厂区的东南角,初期雨水收集池设置在主厂房南侧,有效利用厂区空地。

建筑方案设计

宁波市鄞州区生活垃圾焚烧发电项目坐落于宁波市鄞州区洞桥镇宣裴村，是一个交通便捷、风景秀丽、民风淳朴的江南水乡。为将此项目打造为简洁时尚、新颖别致，又带有环保理念的美丽建筑，使其融于自然优美的环境中。

寓教于"美"的外立面设计 —— "蜂巢"理念。
业主希望设计的建筑能够自己讲述她的故事，讲述她如何将废物转化为新能源的功能本质。设计师利用犹如童话般的意境，借助蜜蜂和蜂巢来隐喻这一过程：蜜蜂采集花粉，带回蜂巢，酿成蜂蜜。垃圾车穿行于城市收集垃圾，带回工厂，转化为宝贵的能源。

建筑外墙采用磨砂U型玻璃材料，红白对比明快而柔和；"去工业化"设计，艺术化的外形，在灯光的映衬下，既有工业建筑的美感，又兼具艺术美学的气质，呈现出现代建筑的地标形象。除了建筑审美外，设计师也希望蜂巢工厂成为一个沟通媒介，将民众的视线吸引到环境、垃圾分类、能源再生等关系到民生的重要

环保问题中。该项目还包括一个生活垃圾处理博物馆，不仅展示了该项目的设计和建造过程，还尽可能地在一个空间内，模拟、创造一个环境垃圾焚烧发电厂的真实过程，把一个错综复杂的发电体系变成一个简洁明了的视觉体系，将复杂的垃圾回收形态与模式，通过互动的形式向参观者展示并让他们参与其中。

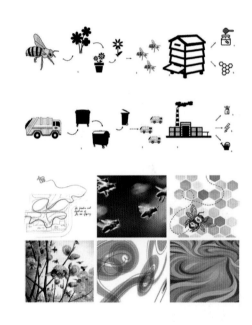

蜂巢型窗洞定位设计

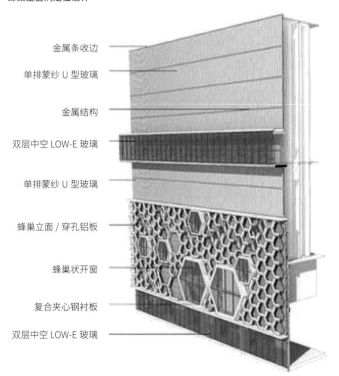

金属条收边
单排蒙纱U型玻璃
金属结构
双层中空LOW-E玻璃
单排蒙纱U型玻璃
蜂巢立面/穿孔铝板
蜂巢状开窗
复合夹心钢衬板
双层中空LOW-E玻璃

1. 搭建主要金属结构
2. 搭建次要结构
3. 搭建开窗处的结构
4. 在主结构上铺上复合夹芯钢板（打底并遮挡复杂的结构）
5. 加上玻璃幕及铝材窗框
6. 搭建最终的蜂巢金属构件

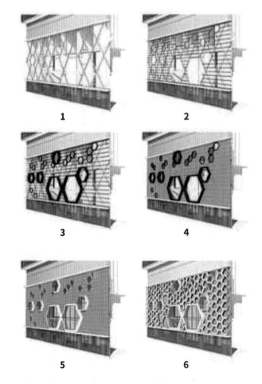

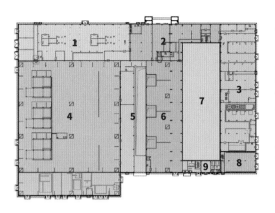

底层平面图

1. 汽机间
2. 中控室
3. 化水间及辅助车间
4. 烟气净化间
5. 除渣间
6. 焚烧间
7. 垃圾池
8. 空压站
9. 辅助房间
10. 飞灰处理间

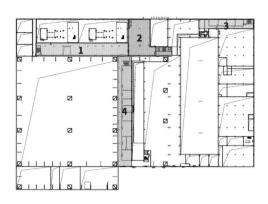

4.5 米层平面图

1. 汽机间
2. 中控楼
3. 辅助房间
4. 除渣间

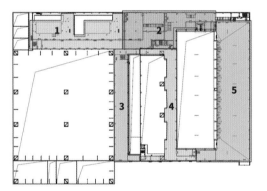

8.5 米层平面图

1. 汽机间
2. 中控楼
3. 除渣间
4. 焚烧间
5. 卸料平台

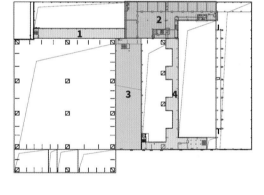

12.5 米 /17 米层平面图

1. 汽机间
2. 中控楼
3. 余热锅炉平台
4. 炉前平台

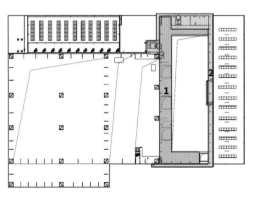

28 米层平面图

1. 受料层
2. 垃圾吊控制室

主立面图

剖面图

1. 卸料间
2. 备品间
3. 垃圾坑
4. 锅炉间
5. 尾气处理间

上海奉贤生活垃圾末端处置中心工程（1000 吨／天）

地点：上海市奉贤区

建设方：上海市石塘再生能源有限公司

设计院：中国城市建设研究院有限公司

项目负责人：卜亚明

工艺负责人：马津麟、洪光、孙广艳、张晓斌

建筑负责人：张颖梅

结构负责人：陈昆

建筑方案创作团队：张颖梅、辛丙流、顾新华

完工时间：2015 年 12 月

占地面积：52,300 平方米

建筑面积：29,248 平方米

主要材料：钢结构外挂铝板、涂料、面砖等

工程造价：68,430.67 万元

焚烧炉厂家：荏原公司

烟气净化工艺：SNCR+ 干法 + 活性炭吸附 + 袋式除尘器 + 湿法 +GGH

项目背景

上海奉贤生活垃圾末端处置中心工程,是为解决上海市奉贤区城市生活垃圾处理日益增长的需求,实现生活垃圾处理的无害化、减量化、资源化,进一步改善生态环境而建设的重大民生工程。项目的建设将改变上海市化工区奉贤分区未来25年内的垃圾处理状况,实现城市生活垃圾的集中处理,处理设施标准化、规范化,处理技术先进、管理水平科学的目标。不但可以大幅度减少上海市奉贤区城市生活垃圾的填埋量、延长填埋场的使用年限,还可以焚烧发电、变废为宝,实现生活垃圾的资源化处理,同时还能有效改善城市环境、减少恶臭污染、提升生活垃圾的处理水平,真正实现城市生活垃圾处理的"三化"目标。

本项目垃圾焚烧处理工艺处于国内先进水平,因此按照满足AAA级别进行建设。

设计挑战

生活垃圾焚烧发电厂是一项环境保护工程,随着我国城市现代化建设和环境保护意识的提高,垃圾焚烧发电厂建筑体量已成为城市环境建设中的一个焦点。本厂区设计力争在质量、水平上都有所提高创新,使该工程成为具有现代化、生态型的大型综合厂区,并使之成为当地一处地标建筑。

综合主厂房作为全厂一个非常重要突出的标志性建筑物,建筑造型设计时,充分考虑垃圾生产工艺的功能需要,以简洁、实用、高效的形象,体现工业建筑的韵律、简练和美感。在建筑材料的选用上采用性能优良的节能、环保型建材。

1. 主厂房
2. 综合楼
3. 净水站
4. 工业及消防水池
5. 综合水泵房
6. 冷却塔
7. 天然气调压站
8. 渗沥液处理站
9. 综合处理车间
10. 污水处理站
11. 景观绿化

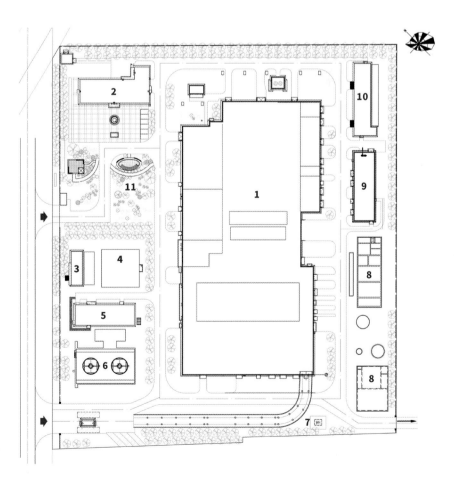

区位图

总平面图

总平面布局

厂区分为三个功能区：生活区（包括综合楼以及相应生活设施）、生产区（包括焚烧主厂房、上料坡道、烟囱）及辅助生产区（包括综合水泵房、冷却塔、工业及消防水池、净水器、地磅及地磅房、天然气调压站、渗沥液处理站等）。

生产区中的焚烧主厂房因其体量较大，地位突出，因而成为焚烧发电厂的重点和核心，故总体布置时将主要生产区布置在场地的中央，其他各功能区则围绕主要生产区布置，并尽量靠近各自的服务对象。这种布置方式不仅使其他各功能区与主要生产区之间有方便的交通及工艺联系，减少相互间管线连接的长度，降低投资及运营费用，而且整个厂区的建筑群体组合重点突出，主从分明，各组成要素之间相互依存，相互制约，具有良好的条理性和秩序感。

主厂房主立面朝向西侧规划道路胡滨路，使得景观最好一侧得以展现。同时考虑到垃圾车辆的进厂问题，将物流出入口布置在厂区西南角，垃圾车由该处进入厂区，实现运输路距最短化且离行政管理区较远，防止恶臭的交叉污染。主厂房卸料平台布置在南侧，烟囱布置在北侧，焚烧工艺由南向北进行。垃圾由物流出入口运入，经上料坡道进入焚烧主厂房。空车亦原路返回。焚烧主厂房的四周设置环形路，使物流的运入和运出都十分方便。

行政管理区布置在厂区西北侧，靠近厂外胡滨路，方便人员进出。同时厂区西侧均为绿化带，使得办公环境较为舒适。渗沥液处理站（恶臭污染）远离生活区布置，同时离各自辅助的车间距离较近。水工区布置于厂区西南侧。天然气调压站布置在厂区南角，上料坡道下，见缝插针，合理利用空余用地且离焚烧车间距离较近。

厂区内各个功能区之间既在生产工艺上联系得更加密切，又形成了厂区内部良好的景观空间，同时便于整个厂区统一规划、协调发展、分步实施。

建筑方案设计

厂区建筑物及总平面布置按现代化工厂模式配置。建筑造型设计上将厂房建筑外墙做成几个渐变升起的鱼形，设计团队运用现代艺术中连续定格的手法，将鱼形风筝升腾起飞的几个瞬间

表现出来,既展示鲤鱼腾飞的场景,也意喻追求真理和发展的"奉贤"之意。此建筑造型理念为风中飞舞的风筝,经过二千多年的演绎变化,奉贤已成为大众喜爱的风筝之乡和国际风筝放飞场。外观充分赋予建筑以人文属性、亲人属性、环保属性等,使得垃圾焚烧发电厂房建筑在满足其使用功能的基础上最大化的去工业化。

焚烧主厂房是厂区内体量及高度最大的建筑单体,为全厂的核心建筑。主体造型紧密结合功能,形成了高低错落、相互穿插的体形特点。利用厂房内的控制部分、化验部分结合厂房内的大体量空间,由几部分墙面跌宕横向展开,呈现一条变化的曲线和韵律,与高耸挺拔的烟囱组成一道丰富的天际线。大空间的车间均使用了金属网架结构,压型钢板屋面,突出了特点,创造了新意,体现了工业建筑的性质。几个空间互相穿插,加上不同材质的墙面形成的虚实、明暗光影变化,突出了主入口,使整个建筑物在简洁中富于变化。

建筑色彩上,采用浅灰色为基本色调,搭配以灰蓝色基座及浅色的玻璃,局部色彩强调上浅下深,几种色调搭配使外墙色彩在对比中寻求协调和谐。整体建筑色彩生动醒目,并与周边环境相契合,突出主题。

设计要点

该建筑为钢筋混凝土框架结构，局部采用钢结构。鱼形外墙轮廓边缘线为普通混凝土线脚处理，外包平面彩钢板比整体墙面高出8～10厘米。鱼头部分的外墙随弧线型梁柱做成外墙或外窗。为降低造价，将鱼尾部分的外露线脚保留两侧。这些外露线脚可令人联想到钢结构，从而增强厂房的现代感。本设计方案曾征得建筑经济人员意见，在建筑综合造价上与普通平顶建筑区别不大，比如屋顶排水和保障。

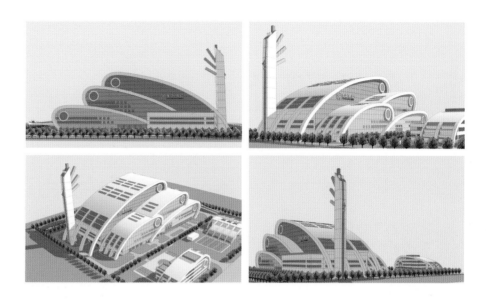

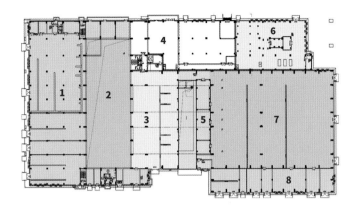

底层平面图

1. 主厂房辅助车间　　5. 除渣间与电气楼
2. 垃圾坑　　　　　　6. 汽机间
3. 锅炉焚烧间　　　　7. 尾气处理间
4. 集控楼部分　　　　8. 飞灰处理间

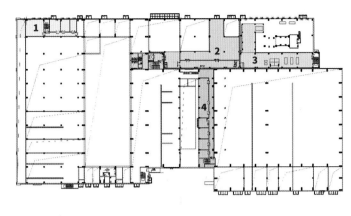

4.0/4.5 米层平面图

1. 检修人员办公区
2. 取样间与集控楼部分
3. 汽机间夹层
4. 电气楼 4.5 米层

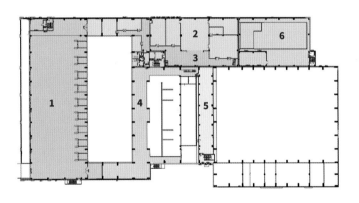

8.0/9.0 米层平面图

1. 垃圾卸料平台　　　5. 电气楼夹层
2. 中央控制室及辅助用房　6. 汽机间
3. 8.0 米层参观区域
4. 锅炉焚烧间

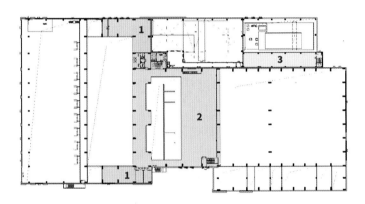

13.5/14.0 米层平面图

1. 辅助车间
2. 锅炉焚烧间
3. 除氧间

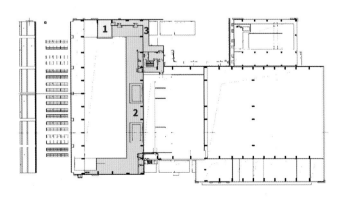

22.6 米层平面图

1. 垃圾吊控制室
2. 垃圾给料平台
3. 参观走廊

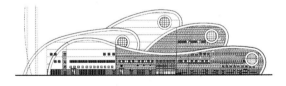

主立面图

剖面图

1. 辅助车间　　　　4. 锅炉间
2. 垃圾卸料平台　　5. 尾气处理间
3. 垃圾坑　　　　　6. 除渣间和电气楼

嘉定区再生能源利用中心工程 (1500 吨 / 天)

地点:上海市嘉定区

建设方:上海嘉定再生能源有限公司

设计院:中国五洲工程设计集团有限公司

项目负责人:梁立军

工艺负责人:韩苏强、郭爱肖、梁立军

建筑负责人:张围

结构负责人:颜伟华

建筑方案创作团队:张围、徐紫仁

完工时间:2017 年 7 月

占地面积:213,440 平方米

总建筑面积:44,387.8 平方米

主要材料:铝板、玻璃幕墙、金属百叶幕墙和压型钢板等

工程造价:99,372 万元

焚烧炉厂家:三菱 MHIEC 公司

烟气净化工艺:SNCR+ 干法 + 活性炭吸附 + 袋式除尘器 + 湿法 +GGH

项目背景

根据《上海市固体废弃物处置发展规划(2006年—2020年)》，上海市计划在规划期中期(2010年—2015年)，实现人均生活垃圾处理量"零"增长，力争实现原生垃圾"零填埋"。未来城市垃圾处理方式主要有卫生填埋、堆肥、焚烧、分选及回收利用等。焚烧的处理方式是实现原生垃圾"零填埋"的途径之一，符合上海市环境卫生专业规划的要求。根据《嘉定环卫十二五规划》，嘉定区将建设生活垃圾焚烧处理工程，工程规模为1500吨/天，并配套建设残渣填埋场，以全面提升嘉定区和上海城市环境质量。

本项目如期建成后，上海市嘉定区生活垃圾资源化利用程度实现大幅提高。

1. 主厂房　　　　6. 综合水泵房
2. 烟囱　　　　　7. 渗沥液处理区
3. 高架引导　　　8. 油泵房
4. 循环水泵房　　9. 综合楼
5. 冷却塔　　　　10. 地砖及物流大门

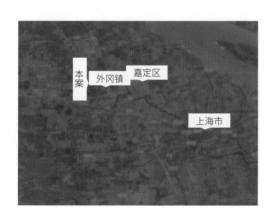

区位图

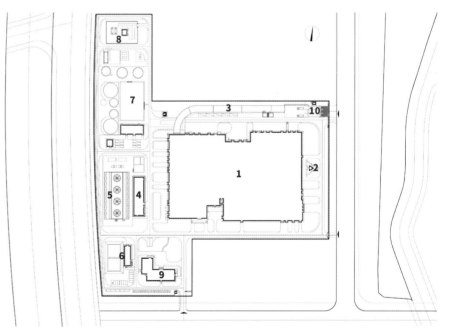

总平面图

总平面布局

根据规划要求及生产工艺，综合考虑建设用地形状、周围环境、道路、场地现状、生产流程、运输特点以及环保、消防、绿化等要求，做了以下总平面布置方案。由于受本项目前期环境初评对烟囱位置的限制以及整个区域预留发展的考虑，本项目实际用地不规整，对厂区的布置有一定局限性。

根据各建筑物功能和使用性质不同，将全厂划分为三个功能区：厂前区、生产区及辅助区。

(1) 厂前区

考虑到该地区的主导风向为东南风，因此将厂前区设于建设用地的南端。该功能分区主要包括综合楼、人流大门及传达室，以及绿化景观广场等。厂前区东南部设人流出入口。

(2) 生产区

生产区位于厂前区的北面，场地东侧位置，主要包括主工房、烟囱、高架引道等建构筑物。

由于厂区主导风向为东南风，因此烟囱设置于主工房的东侧，厂前区的下风向。且满足烟囱位置距太仓、昆山界距离超过本项目预评估1002米的烟气最大落地浓度点距离，以减少对周边环境的影响。同时，将货流出入口布置在生产区东侧。由此垃圾运输车辆从厂区东侧的物流出入口进入厂区，经地磅房后向西上高架引道，进入焚烧发电厂房的二层卸料大厅，厂内运输距离很短。卸料后空车流线为反方向。主工房的主要物流集中在厂房北侧，因此全厂人流、物流无交叉。

(3) 辅助区

辅助区主要集中在厂区的西侧，依次布置有生产、生活水池及综合水泵房、河水净化及循环水泵房、冷却塔、渗沥液处理站、油泵房等辅助设施。将河水净化、循环水泵房、冷却塔、综合水泵房等工房布置在厂区西侧便于减少河水取水工程输送管道的距离，减少管线铺设距离。渗沥液处理站自成一区布置在厂区西北角能够减少对厂前区的影响。场地西侧红线外为规划的调整河道，与郭泽塘连接，可能作为本项目生产水源。因此综合给水设施、循环水设施布置于西南侧靠近规划河道方向便于取水管网的引入，该位置也靠近主厂房的汽轮发电机房，循环水管线距离较短。而且该部分设施无臭气、灰尘等释放，对厂前区环境影响较小。

建筑方案设计

概念生成

本项目位于上海市嘉定区西北部外冈。外冈是上海成陆较早的地区,早在6000年前就已成陆,远古海岸线遗迹"古冈身"就在外冈,在冈身外就是浩瀚的大海,所以得名外冈。

外冈的历史背景+建筑的外观造型得出"舰"或"船"的意向。现代之舰乘风破浪,开创未来。

乘风破浪——以乘风破浪作为建筑的精神意向,契合项目的现代化与创新性。

开创未来——以开创未来呼应项目的现实意义,传达出项目在化解当下环境危机与能源危机中所做的努力,从而给人类以未来。把原有尺度巨大的形体,通过对该主体建筑功能的划分,从而拆分出若干个形体区块。再次雕塑出每个形体丰富的轮廓线,最终构造出的主厂房单体是由不同大小的坚实的几何形体组合而成。建筑立面体量勾勒出了带有"轮船"轮廓的天界线。"长风破浪会有时,直挂云帆济沧海"隐喻出现代再生能源工业的性格及色彩,引领未来工业的发展趋势。

建筑区块形体刻画出了带有"坚石"力量的底蕴气质,诠释出现代工业科技具有的现代、稳重、大气、坚如磐石的本质。

建筑设计

建筑语言——非对称性、连续的空间体系、建筑和城市自然的结合。

建筑母题——不同高度、不同宽度、不同方向的"舒展的形体窗口"。推敲每一个建筑符号的轮廓及比例,设计出本建筑独特的节奏感。

建筑手法——采用强烈的虚实对比手法。大气的石材与玻璃、现代的金属与玻璃、笔挺的百叶与玻璃交相辉映,精致细腻的融合为一体,为现代再生能源工业演奏出美妙的乐章。

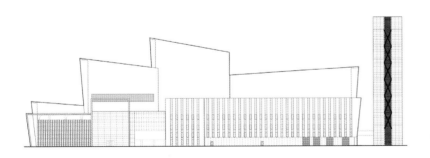

南立面图

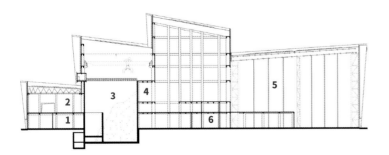

剖面图

1. 辅助车间
2. 垃圾卸料平台
3. 垃圾坑
4. 锅炉间
5. 尾气处理间
6. 除渣间和电气楼

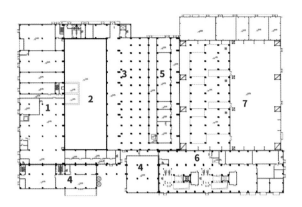

底层平面图

1. 主厂房辅助车间　　5. 除渣间与电气楼
2. 垃圾坑　　　　　　6. 汽机间
3. 锅炉焚烧间　　　　7. 尾气处理间
4. 集中控制楼部分

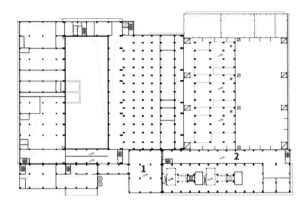

4.5 米层平面图

1. 集中控制楼区域
2. 汽机间

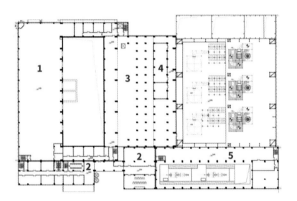

8.0 米层平面图

1. 垃圾卸料平台
2. 集中控制楼部分
3. 锅炉焚烧间
4. 设备平台
5. 汽机间

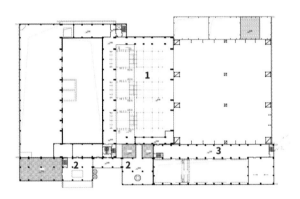

13.5 米层平面图

1. 烟气净化区
2. 主控区
3. 汽机

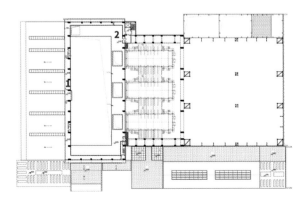

24.4 米层平面图

1. 卸料区
2. 垃圾给料平台

南海固废处理环保产业园项目（3000 吨／天）

地点：广东省佛山市

建设方：瀚蓝绿电固废处理(佛山)有限公司(原名：佛山市南海绿电再生能源有限公司)

设计院：中国核电工程有限公司深圳设计院

项目负责人：方成贤

工艺负责人：龚光辉、黎 雄、刘 喜、李 颜

建筑负责人：高 丹、梁 玲

结构负责人：宋福顺

建筑方案创作团队：阿特金斯、张国言、回彤彤

完工时间：2014 年

占地面积：约 213,440 平方米

主要材料：银灰色彩钢板、蓝色玻璃幕墙、铝板、铝合金格栅

焚烧炉厂家：日本三菱

烟气净化工艺：SNCR+ 半干法 + 干法 + 活性炭吸附 + 袋式除尘器

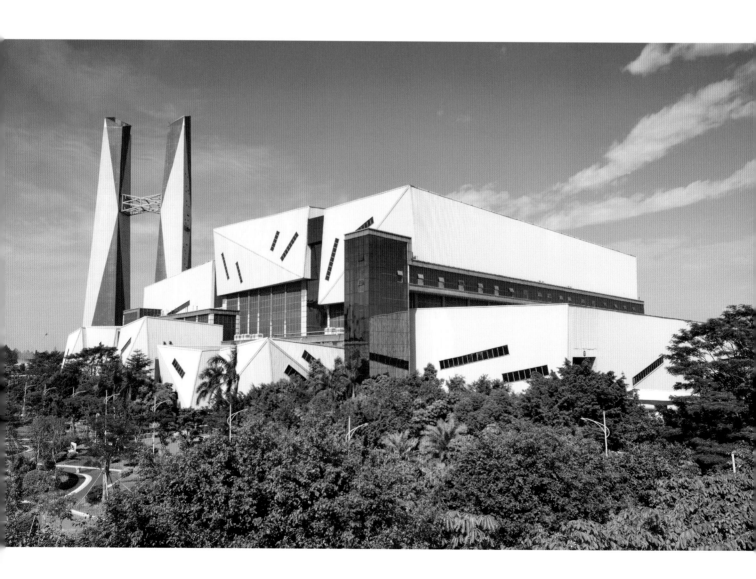

项目背景

南海固废处理环保产业园坐落在佛山高新区,位于佛山市南海垃圾焚烧发电原一厂厂址的东南面220米处,东距广州市区约20千米,东南距佛山市区约15千米,西距三水市区约12千米。厂址地理位置适中,与南海区各镇区的距离都比较接近。

原佛山市南海垃圾焚烧发电一厂建于2001年,原有日处理规模400吨,远远不能满足南海城市生活垃圾处理日益增长的需求,南海区人民政府决定将原佛山市南海垃圾焚烧发电一厂拆除,在其东南面分别建设佛山市南海垃圾焚烧发电二厂和佛山市南海垃圾焚烧发电一厂改扩建工程,总处理规模日处理垃圾3000吨。2013年随着城市发展和需要,又分别在园区内建有450吨/日污泥处理项目和300吨/日餐厨处理项目。

设计挑战

南海固废处理环保产业园毗邻南海大学城,周边坐落着多个楼盘和自然村,是我国最早实现去工业化的产业园项目。厂房采用钢结构设计,垃圾池屋顶为钢混结构,密封良好。烟囱有别于传统的圆形,采用的是多边形变截面。厂区按园林式工厂进行布置

和设计。基于"邻避效应",为了让当地群众充分了解垃圾焚烧项目,在厂区的宣教中心和厂房内设置了展厅、展板等,以当下的一些先进信息传播手段为基础,如影音多媒体、移动通信、数字信息等各种方式,园区整体或细节都要体现与来访者的充分互动,进一步提升表现工厂亲和友善的整体形象,同时避免参观出现枯燥乏味的现象,环保应该体现在生活的种种细节中,提倡低碳的生活方式。在园区设计的各种细节中也要精心融入环保理念,对参观者形成潜移默化的影响,使参观者主动联想到环保的重要性,以及力所能及的各种环保行动来体现工厂的美感,在各个功能的教育的需要满足后同样兼顾美感的把控,以及艺术性的介入。为保证工厂整体的品位和较高的审美趣味,整个参观过程可以考虑有一个完整的故事脉络,参观过程沿着主题不断发展,调动参观者的主观兴趣,使整个参观过程更加生动有趣。

(一期)
1. 主厂房
2. 办公楼
3. 食堂及活动中心
4. 综合楼
5. 升压站
6. 循环水泵房及冷却塔

(二期)
7. 主厂房
8. 循环水泵房及冷却塔
9. 渗沥液处理站
   (污泥干化用地)
10. 污泥接收车间
11. 污泥干化车间
    (餐厨处理用地)
12. 生物柴油制备车间
13. 油罐区
14. 导热油锅炉房
15. 沼气发电车间
16. 预处理车间
17. 厌氧发酵区
18. 环保教育设施用地

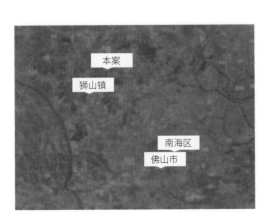

区位图

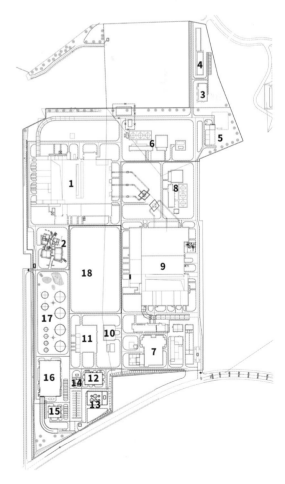

总平面图

总平面布局

南海固废处理环保产业园由南海垃圾焚烧发电一、二厂,南海区城乡一体化生活垃圾转运工程及集中控制系统项目,污泥处理项目,餐厨垃圾处理项目,飞灰处理项目,垃圾渗沥液处理系统等多个项目组成。以垃圾焚烧发电厂作为园区能源中心,搭建了从源头到终端城市生活固体废弃物处置的资源循环与综合利用的完整环保产业链。

建筑方案设计

南海固废处理环保产业园厂房外观是由许多不规则的几何体组成,形如一粒粒钻石。厂房整体形象设计理念"CRYSTAL-晶体"来源于碳分子结构——碳是所有物质构成基础,它既是物质焚化后的最终结果,也是钻石的组成成分。从碳到钻石的飞跃,不仅仅是结构上的变革,更重要的是一种从量变到质变的过程,是内在价值的升华,形象地阐释了生活垃圾从一种危害环境的废弃物再生转化为绿色能源的过程,寓意能量传递和与周边社区沟通互联,和谐融入周边景观。

本项目布置采用产业园模式,园区整体建筑外形简洁明了,整体感强;立面设计采用现代设计手法,厂房外形塑造上,追求一种纯净、硬朗的工业建筑之宏观视觉效果,浑然天成,这与生产工艺(垃圾焚烧)形成一种意向上的反差。厂房建筑外观层次丰富、光影交错,满足工艺的流程需要,形如璀璨夺目的宝石,完全实现了去工业化的理念。

南海固废处理环保产业园是广东省环境教育基地,园内南海垃圾焚烧发电一、二厂均被评为国家"AAA级无害化生活垃圾焚烧发电厂"、国家住房和城乡建设部评为"市政公用科技示范工程"、住建部推荐的五个达到国际先进水平垃圾焚烧发电项目示范工程之一。

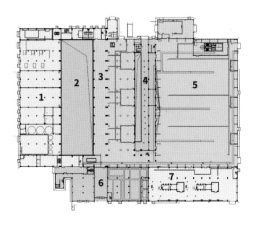

底层平面图
（一厂）

1. 辅助车间
2. 垃圾坑
3. 锅炉焚烧间
4. 除渣间
5. 尾气处理间
6. 集中控制楼部分
7. 汽机间

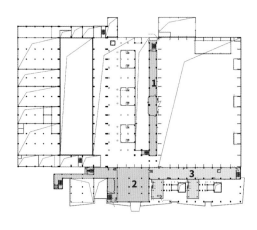

4.0 米层平面图
（一厂）

1. 除渣间夹层
2. 集中控制楼夹层
3. 汽机间夹层

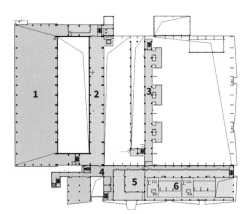

8.0 米层平面图
（一厂）

1. 垃圾卸料平台
2. 锅炉焚烧间
3. 设备平台
4. 集中控制楼参观通道
   与办公区
5. 中央控制室与设备间
6. 汽机间

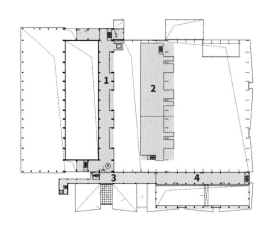

13.5 米层平面图
（一厂）

1. 锅炉焚烧间
2. 除渣间平台
3. 走道与卫生间
4. 除氧间

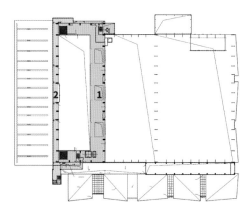

24.0 米层平面图
（一厂）

1. 垃圾给料平台
2. 垃圾抓手吊控制层

主立面图
（一厂）

剖面图
（一厂）

1. 辅助车间
2. 垃圾卸料平台
3. 垃圾坑
4. 锅炉间
5. 尾气处理间
6. 除渣间

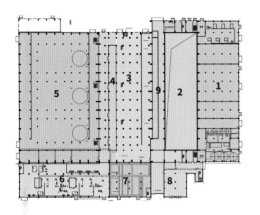

底层平面图
（二厂）

1. 主厂房辅助车间
2. 垃圾坑
3. 锅炉焚烧间
4. 烟气净化配电间
5. 尾气处理间
6. 汽机间
7. 集中控制楼配电间
8. 集中控制楼门厅
9. 除渣间

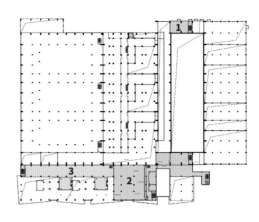

4.0 米层平面图
（二厂）

1. 备用间
2. 电缆夹层
3. 汽机间夹层

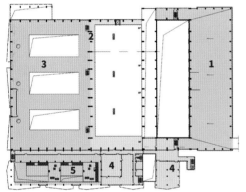

8.0 米层平面图
（二厂）

1. 卸料平台
2. 锅炉焚烧间
3. 尾气处理间
4. 集中控制楼部分
5. 汽机间运转层

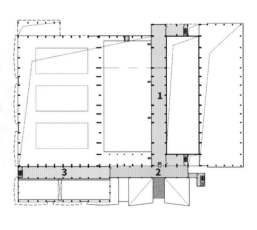

13.5 米层平面图
（二厂）

1. 锅炉焚烧间
2. 走道与电梯、楼梯间
3. 除氧间

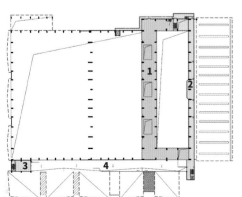

24.5 米层平面图
（二厂）

1. 垃圾给料平台
2. 垃圾抓手吊控制层
3. 备用间
4. 除氧间屋面

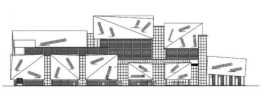

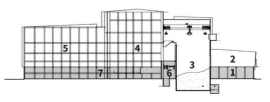

主立面图
（二厂）

剖面图
（二厂）

1. 辅助车间
2. 垃圾卸料平台
3. 垃圾坑
4. 锅炉间
5. 尾气处理间
6. 除渣间
7. 烟气净化配电间

广州市第六资源热力电厂项目（2000 吨 / 天）

地点:广东省广州市

建设方:广州环投增城环保能源有限公司

设计院:中国城市建设研究院有限公司

项目负责人:吴剑

工艺负责人:石凯军、马津麟、龚森、郝晓明

建筑负责人:张映涛

结构负责人:陈昆

建筑方案创作团队:刘梁栋、张映涛

完工时间:2019 年 7 月

占地面积:133,000 平方米

建筑面积:73,494 平方米

主要材料:金属花格、仿石涂料、彩色压型钢板等

工程造价:192,576.46 万元

焚烧炉厂家:光大装备公司

烟气净化工艺:SNCR+ 半干法 + 干法 + 活性炭吸附 + 袋式除尘器 +SCR+ 湿法 +GGH+ 烟气脱白

项目背景

广州市第六资源热力电厂,是为解决广东省城市生活垃圾处理日益增长的需求,实现生活垃圾处理的无害化、减量化、资源化,进一步改善生态环境而建设的重大民生工程。项目的建设不但可以大幅度减少增城区生活垃圾的填埋量、延长填埋场的使用年限,还可以焚烧发电,变废为宝,实现生活垃圾的资源化处理,同时还能有效改善城市环境、减少恶臭污染、提升生活垃圾的处理水平,真正实现城市生活垃圾处理的"三化"目标。项目选址于增城区仙村镇碧潭村西南部五叠岭废弃采石场。

设计挑战

本项目选址原为采石场,高差极大,地形复杂。项目建设规模属于特大类,系统性、综合性强,设计难度大,技术创新点多。立项初期因群众对垃圾焚烧发电项目的不理解暴发群体性事件。项目建设方和设计方致力于打造一座去工业化的工厂,努力破解垃圾发电项目"邻避效应"这一世界性难题,形成引领示范的"增城答卷",以创造显著的社会效益。

1. 宣教中心   7. 烟囱
2. 主控室   8. 综合水泵房
3. 汽机间   9. 工业消防水池
4. 升压站   10. 综合调节池
5. 综合主厂房   11. 冷却塔
6. 烟气净化间   12. 综合用房

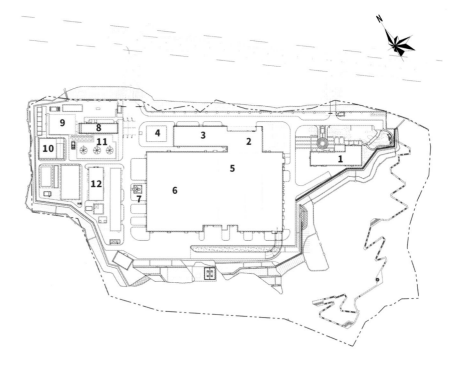

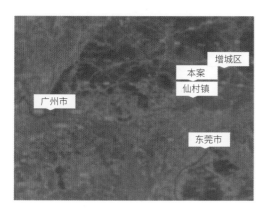

区位图

总平面图

总平面布局

根据选址地形情况、交通条件、地块形状,结合垃圾及其他物料的运输、竖向布置和功能分区等因素进行综合考虑,因地制宜,合理布置,在满足总体布局和主要生产厂房工艺流程的前提下,做到功能分区明确,交通流线设计合理,人流、车流、物流均互不干扰,充分体现设计的前瞻性。由于该地形为一个三面环山的山谷,有两条道路通向规划路,道路宽度在4米至7米之间,人流、物流完全分开。东侧的道路作为人流主要通道,主要供人员、小汽车等的通行,西侧的道路作为物流主要运输通道,主要供垃圾、灰、渣和酸碱等的运输车辆通行。

建筑方案设计

本项目位于增城区仙村镇碧潭村西南部五叠岭,周边自然生态环境良好。建筑方案从场地大环境着手,充分利用废弃的采石场,依山就势,顺势而为,让建筑融于环境,呈现出独特优美的地域性。

追求意境,力臻神似。广东人在每一种艺术创作中都刻意追求岭南特色,建筑创作也一样,追求意境,立意在先,处处体现出中国的岭南情调和神韵。因借环境,融为一体。本建筑通过良好的选址立基,与环境融为一体,继承了传统建筑的精华。

群体布局,组合空间。岭南建筑结合气候特点,使建筑物具备现代景园特色,而在门厅、中庭、休息廊、餐厅、走道、卧室之中布置园林花木,赋予环境以大自然的情趣。

清新明快,千姿百态。岭南建筑善于利用钢筋混凝土框架特点,创造通透空间及虚灵形体,形成清新明快的建筑形象,同时借鉴古代亭台楼阁原型,使新建筑千姿百态,气象万千。

神似之路,殊途同归。建筑与传统形式风格要神似,反映了一种文脉意识,对传统精神及集体无意识的关注,对环境整体性及人性空间的尊重,对与世界潮流同步的强烈愿望。

同时合理规划功能布局,将垃圾运输、卸料等工艺性生产用房设于西区,而服务于生产用房的生活楼以及宣教中心设于东区,充分利用现有地貌条件达到节能、节地的目的。采石场岩壁和建筑墙面配以垂直绿化,结合水景的处理。

设计要点

·分析平面展示的主要内容(项目历史、垃圾处理知识、项目的影响等)

·分析平面展示的主要形式(照片墙、宣传画、文字介绍、流程图等)

·环保宣教中心二三层为宣教展示部分,包括小型报告厅,模型展示室和影音放映室等。进行精心的展陈设计,结合增城环保产业园和本行业、本企业的特色,采用声、光、电一体化的三维方式,进行绿色环保的宣传教育。通过三维的、形象的、互动式的手段,以期达到良好的教育展示效果,成为国内领先、业内一流的以绿色环保为主题的展示中心。

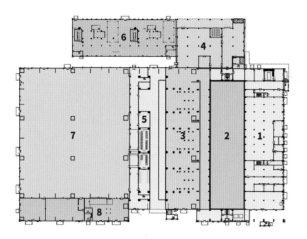

底层平面图

1. 主厂房辅助车间　　5. 除渣间与电气楼
2. 垃圾坑　　　　　　6. 汽机间
3. 锅炉焚烧间　　　　7. 尾气处理间
4. 集中控制楼部分　　8. 飞灰处理间

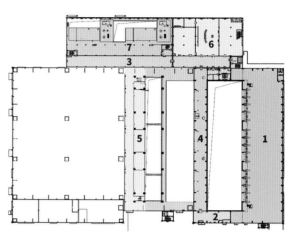

8.0 米 /8.5 米层平面图

1. 垃圾卸料平台　　　5. 电气楼夹层
2. 值班室与仓库　　　6. 中央控制室
3. 8.0 米层参观区域　7. 汽机间
4. 锅炉焚烧间

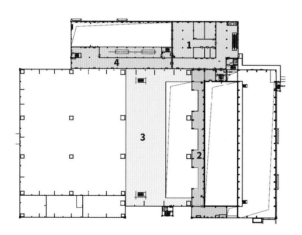

12.5 米 /13.5 米层平面图

1. 办公区
2. 锅炉焚烧间
3. 13.5 米平台
4. 辅助间与除氧间

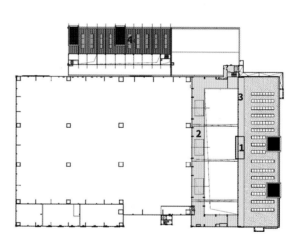

22.5 米 /25.0 米层平面图

1. 垃圾吊控制室
2. 垃圾给料平台
3. 参观走廊
4. 汽机间屋面

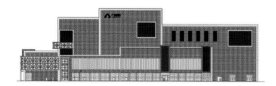

主立面图

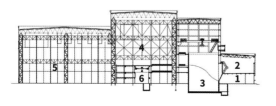

剖面图

1. 辅助车间　　　　　4. 锅炉间
2. 垃圾卸料平台　　　5. 尾气处理间
3. 垃圾坑　　　　　　6. 除渣间和电气楼

深圳市宝安区老虎坑垃圾焚烧发电厂二期（扩建）工程（3000吨/天）

地点：广东省深圳市

建设方：深圳市能源环保有限公司

设计院：中冶南方都市环保工程技术股份有限公司

完工时间：2012年12月

占地面积：65,000平方米

建筑面积：29,050平方米

主要材料：镀铝锌彩钢板及玻璃幕墙等

焚烧炉厂家：光大装备公司

烟气净化工艺：SNCR+半干法+干法+活性炭吸附+袋式除尘器

项目背景

深圳市宝安区老虎坑垃圾焚烧发电厂二期(扩建)工程,是为解决深圳市宝安区东部石岩、龙华、观澜、光明四镇(办)以外的全部垃圾,实现生活垃圾处理的无害化、减量化、资源化,进一步改善生态环境而建设的重大民生工程。真正实现城市生活垃圾处理的"三化"目标。项目选址于深圳市宝安区松岗街道办塘下涌村老虎坑环境园内。

设计挑战

主厂房作为发电厂的主体建筑,由于其主体设备及工艺流程的特征,决定了建筑物形体庞大,体块组合较多。建筑立面形式主要还是体现工业建筑的简洁大方,采取局部跳跃,重点突出的设计原则。

一期	本期
1. 主厂房	5. 主厂房
2. 冷却塔	6. 冷却塔
3. 综合水泵房	7. 综合水泵房
4. 升压站	8. 综合楼

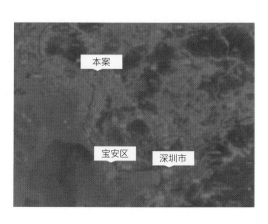

区位图

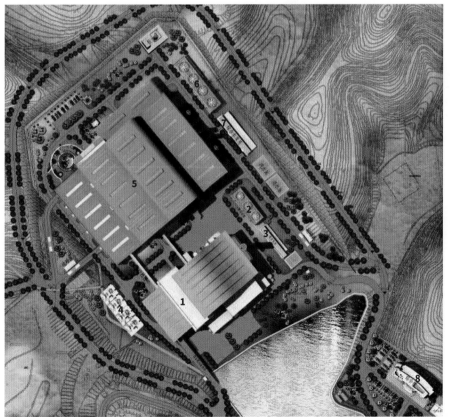

总平面图

建筑方案设计

因为工程的延续性,新建建筑必须在与一期建筑保持协调的前提下寻求创新。新建厂房沿用了一期主厂房的大屋面形式,在材质和色彩上也与一期厂房相同或相近,利用不同功能的体块和结构构件形成的线条使建筑造型和立面统一而有变化,更加丰富。

在外立面的处理上,厂房依下至上,采用的材质从质感较重的砖墙,到中间质感较轻的彩板外墙,到最上面质感轻盈通透的玻璃幕墙,这种连续性的材质的变化带来视觉和感官的愉悦感,使得整个庞大的厂房获得了一种轻盈飘逸的气质。主厂房在进厂的视角处做了细化的处理,使得人在进厂的时候能第一时间看到二期主厂房的亮点所在,对人们产生一种心理的引导作用。

玻璃幕墙与彩板外墙之间用简洁的几何折线相连接,简单又不失大气和风趣,体现了现代工业厂房的风格。

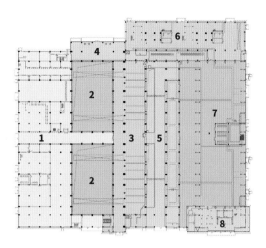

底层平面图

1. 主厂房辅助车间
2. 垃圾坑
3. 锅炉焚烧间
4. 办公楼部分
5. 除渣间和电气楼
6. 汽机间
7. 尾气处理间
8. 飞灰处理间

4.5 米层平面图

1. 检修人员办公区
2. 汽水取样间
3. 汽机间夹层
4. 电气楼

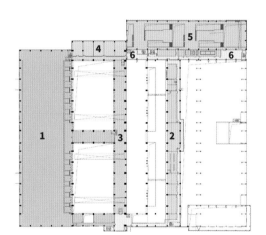

8.0 米层平面图

1. 垃圾卸料平台
2. 中央控制室
3. 锅炉焚烧间
4. 办公楼部分
5. 汽机间
6. 8.0 米参观区域

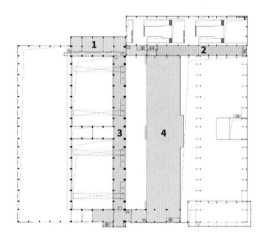

14.0 米层平面图

1. 办公楼区域
2. 除氧间
3. 锅炉焚烧间
4. 设备平台

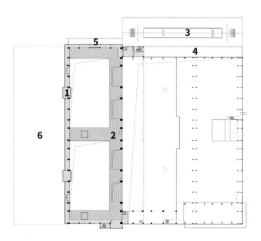

27.1 米层平面图

1. 垃圾吊控制室
2. 垃圾给料平台
3. 汽机间屋面
4. 除氧间屋面
5. 办公楼屋面
6. 卸料平台屋面

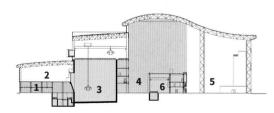

主立面图

剖面图

1. 辅助车间
2. 垃圾卸料平台
3. 垃圾坑
4. 锅炉间
5. 尾气处理间
6. 除渣间与电气楼

惠阳环境园垃圾焚烧发电厂一期项目（1200 吨／天）

地点：广东省惠州市

建设方：惠州绿色动力环保有限公司（绿色动力）

完工时间：2016 年 5 月

工程造价：5.69 亿元

烟气净化工艺：SNCR+ 半干法 + 干法 + 活性炭吸附 + 袋式除尘器

项目背景

本项目位于惠州市惠阳区沙田镇榄子垅,距淡水约 12 千米,辖区面积 85 平方千米,镇辖 9 个行政村和 1 个社区居民委员会,常住人口 4.4 万人,外来人口近 3 万人。项目所在区域处于中国东南沿海大陆边缘,位于莲花山断裂带与东西向高要—惠来断裂带交汇形成的弧形构造带中,褶皱构造不发育。项目所在区域的植被主要以人工种植树木为主,属亚热带海洋性季风气候,雨量充沛,气候温暖潮湿。

1. 主厂房　　　5. 渗沥液处理站
2. 综合水泵房　6. 沼气发电厂
3. 冷却塔　　　7. 热水站
4. 升压站

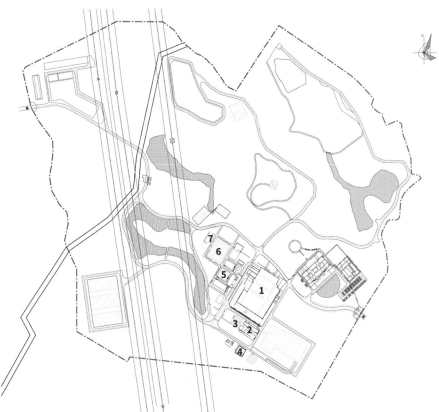

区位图　　　　　　　　　　　　　　　　　　　　　　　　　　　　　　　　　　　　　　总平面图

总平面布局

园区按照"科学规划、分步实施、统筹兼顾、配套共享"的规划理念、"大胆创新、古今兼容"的设计思路，创造性地将"岭南客家围屋"的建筑形态和建筑元素融入垃圾处理设施的设计之中，这是中国垃圾处理设施与中国传统建筑文化结合的首次大胆尝试。

园区整体划分"客家古堡"式的综合生产区、岭南"乔家大院"式的综合服务区、"小鸟天堂"生态湿地公园、"岭南印象"健身公园、"绿叶"填埋区、"绿色田园"生态农场六大功能区域，各区域互为配套，已成为惠阳区集绿色循环、生态有机为一体的"环保、教育、旅游基地"，该项目获得"国家优质工程奖、国家AAA级生活垃圾焚烧发电厂、国家AAA级旅游景区"等众多荣誉。

建筑方案设计

园区内所有项目互为配套，构建成一个有机的产业生态系统，最大限度实现无害化、减量化和资源化。在外观上，将"客家围屋"等客家民居建筑元素与办公、生活建筑融合，并建有环保教育基地、可持续发展和循环经济科普教育基地功能的"客家土楼"式的"环保低碳馆"，形成岭南客家"乔家大院"式的综合服务区，打破了传统社会对固废处理行业根深蒂固的不好印象，以传统文化为线索，创造与现代相适应的景观形式和内容，以一种连续感更鲜明的方式去重新诠释文化的内涵。绿色环保突出，社会效益明显；打造科学的水循环系统，污水、废水全部回收利用，实现了零排放等，构建"优秀节水型企业"。

土建工艺精美，主厂房及附屋采用冲孔灌注桩等工艺优良，主厂房接缝严密、颜色明晰，运转层地面平整，颜色美观。行业标志建筑烟囱采用独特方形建筑，将三根独立排气管放至内部，整体建筑风格保持一致。

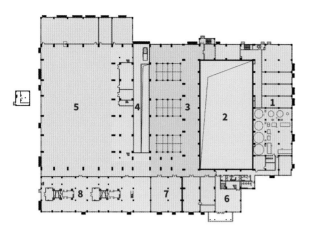

底层平面图

1. 主厂房辅助车间　　5. 尾气处理间
2. 垃圾坑　　　　　　6. 集中控制楼门厅
3. 锅炉焚烧间　　　　7. 集中控制楼配电间
4. 除渣间与电气楼　　8. 汽机间

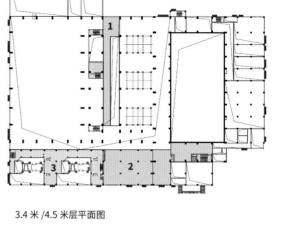

3.4 米 /4.5 米层平面图

1. 除渣间与电气楼设备平台
2. 电缆夹层
3. 汽机间夹层

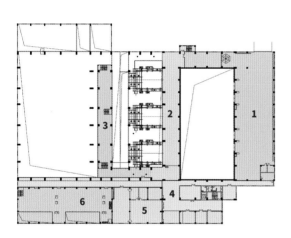

7.0 米层平面图

1. 垃圾卸料平台　　4. 参观通道部分
2. 锅炉焚烧间　　　5. 中央控制室与办公室
3. 设备平台　　　　6. 汽机间

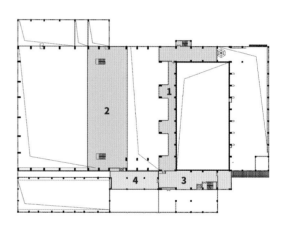

12.0 米层平面图

1. 锅炉焚烧间
2. 锅炉后设备平台
3. 走道与备用间
4. 除氧间

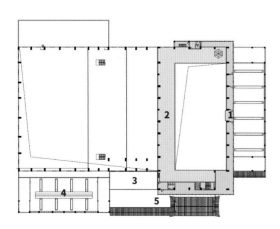

25.0 米层平面图

1. 垃圾抓手吊控制层　　4. 汽机间屋面
2. 垃圾给料平台　　　　5. 集中控制楼屋面
3. 除氧间屋面

主立面图

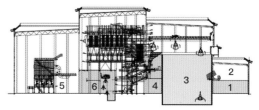

剖面图

1. 辅助车间
2. 垃圾卸料平台
3. 垃圾坑
4. 锅炉间
5. 尾气处理间
6. 除渣间与电气楼

南宁市平里静脉产业园 - 生活垃圾焚烧发电工程（2000 吨 / 天）

地点:广西壮族自治区南宁市

建设方:南宁市三峰能源有限公司(重庆三峰)

设计院:重庆钢铁集团设计院有限公司、重庆三峰卡万塔环境产业有限公司

项目负责人:曾贤琼

工艺负责人:王波、周正卫、李光进、孟回、杨开宇

建筑负责人:卢玉婷、刘军

结构负责人:陈永渝、谭清明

建筑方案创作团队:重庆钢铁集团设计院有限公司

完工时间: 2016 年 9 月

占地面积:93,000 平方米

建筑面积:37,333 平方米

主要材料:陶土板、玻璃幕墙、花岗岩石材、彩色压型钢板等

工程造价: 95,644 万元

焚烧炉厂家:重庆三峰

烟气净化工艺:SNCR+ 半干法 + 干法 + 活性炭吸附 + 袋式除尘器

项目背景

2016年以前,南宁市生活垃圾处理方式仅有卫生填埋,主要送往南宁郊区的城南填埋场进行集中卫生填埋。2010年以来,由于南宁城市发展迅速,城南五象新区的开发建设步伐加快,许多自治区级重大项目相继落地五象新区,而同处南宁的城市发展核心区域——五象新区内的城南垃圾填埋场,因环境原因严重阻碍了南宁市的发展,关停该填埋场迫在眉睫。

为破解南宁"垃圾围城"问题,南宁市委、市人民政府于2010年启动了南宁市平里静脉产业园的项目建设,这是广西壮族自治区重大统筹推进项目,是南宁市的重大市政、民生工程。项目设计处理能力为2000吨/天,2014年5月项目核准后开始建设,2016年建成投运。南宁项目的投产实现了南宁市生活垃圾处理模式由卫生填埋变为焚烧发电的无害化、减量化、资源化的先进三化模式,有效解决了南宁市的垃圾处理难题,改善了生态环境。

南宁市生活垃圾焚烧发电项目位于南宁市兴宁区五塘镇七塘村,位于南宁市的北郊、市高速环道外,毗邻324国道,距市中心约35千米。

设计挑战

南宁市垃圾焚烧发电工程所在地为丘陵地带,是原计划用于安置生态公墓的陡峭山岭,地势呈东高西低走向,最高高程标高为203米,最低为110米,场地内高低落差达93米。如何充分有效地利用山岭间的仅存土地以及巨大落差来对项目进行整体布局,这给设计团队带来了极大的挑战。

项目设计及建设团队经过深思熟虑,巧妙布局,从项目的挖山修路、回填深坑、打桩支护开始,直到2016年9月建成投运,并持续安全稳定运行至今,全程始终保证烟气环保达标排放,并实现厂区无异味、周边环境零投诉。并在2016年的东盟博览会上被东盟国家参观代表们誉为"中国最美垃圾焚烧发电厂"。

项目主要特色

本项目整体建筑立面简洁、色调轻快又显热情沉稳,强调一种严谨的工艺美。充分考虑自身与地块周边城市规划的关系,层次立体感强;立面采用现代节能环保设计方法,全厂整体建筑错落有致,方正大气,体现出南宁的"半城绿树半城楼"的绿城特点。

1. 主厂房　　5. 景观水池
2. 综合楼　　6. 综合水泵房
3. 广场绿化　7. 冷却塔
4. 渗沥液处理站　8. 炉渣综合利用车间

区位图

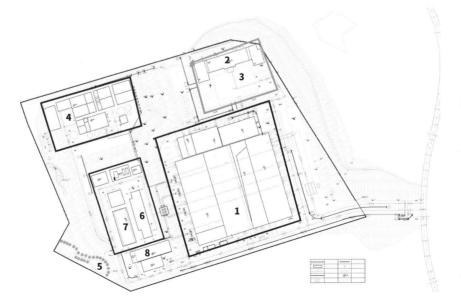

总平面图

总平面布局

根据工艺生产流程、交通运输、环境保护及消防等众多因素要求,结合项目的地理条件进行总体布局,做到保证工艺流程顺畅,功能分区明确,节约用地,合理降低工程量。本项目场地内高程最大落差93米,设计时依照地形从高到低的情况分别划分出办公生活区(165米高程)、主厂房区(160.5米高程)、辅助设施区(141米高程)和渗沥液站处理区(127米高程)四块。厂区的东面与厂外道路连接处间隔分设两个出入口,分别为垃圾车流出入口和人流、检修、商务车流出入口。这样布置后使厂区内物流和人流分开,有利于提高人流出入口的清洁度和通行效率。厂区内道路呈环状,充分保证物流、人流的畅通。垃圾接收大厅与出入厂口距离短,垃圾车在厂内运输距离短,对厂区影响小,工艺流程简洁流畅。同时生活办公区与主厂房区合理间隔,满足了工艺、消防和办公生活的要求,充分体现了人性化的设计和先进性的布局。

建筑方案设计

项目选址周边山岭绿树盎然,山清水秀。整体建筑以现代风格为主,并凸显简洁、明快和具备明显的地方特色和时代感。建筑物布局与周围的山岭环境融为一体,但又在色彩上别树一帜。在合理高效利用边坡土地和满足生产工艺条件的情况下,建筑物紧凑集中布置,少占用土地,留出更多的绿化用地,既美化了环境,又降低了环境噪声。

主厂房的设计理念是镶嵌在绿城画卷中的一颗蓝宝石,同时以绿城南宁、花样城市的多彩色调为全厂的建筑外观色调进行构思。主厂房为蓝色主调,四周以天蓝色玻璃幕墙和灰色彩板为主色调,中控楼外墙则以橘红色为主色调,办公及生活综合楼则以庄重的亮灰色为主色调,以半片树叶作为烟囱的外形造型与主厂房的三片树叶遥相呼应。

绿色

项目厂区绿化及环境设计充分贯彻以人为本、节约能源、可持续发展的思想,处处营造出绿城南宁的绿色,并充分利用厂区周围的天然绿色,创造生态、环保且舒适宜人的厂区内外环境。厂区内广泛种植再生草坪,作为厂区绿化的"面",沿厂区内道路及步行系统设置的灌木、绿篱,间接或穿插常绿乔木,形成厂区绿化的"线";在重点部位如道路节点、中心广场等处精心设

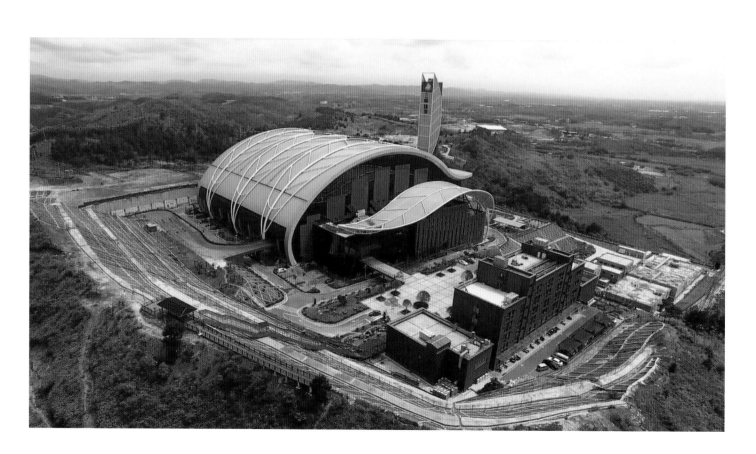

置景观植被,采用常绿阔叶灌木形成生趣盎然、赏心悦目的景观"亮点"。全厂满目皆绿,与南宁市一年四季绿树成荫,繁花似锦,"草经冬而不枯、花非春而常放"的绿城形象相得益彰。同时在办公生活区与主厂房之间成排种植乔木,将生产区与办公生活区进行间隔,在阻断垃圾气体向办公生活区散发的同时,也构成独特的生活区与生产区的绿色分区,更有利于环保和驻厂员工的压力舒缓。整个厂区绿化植物疏密有致,空间层次分明,景观丰富,四季常绿,让人根本不会想到这是个工厂,而更是个美丽的公园。另外,在环保教育基地的参观路线上,巧妙地利用中控楼顶层的空间,匠心独具地设计一个空中小花园,让参观人员在领略了厂房工艺设施的先进性时,又处处融入优美的绿色环境之中。

造型

建筑造型根据工艺布置、建筑规模,结合当地地形地貌、气候水文等条件,立轻盈、通透、秀美之意。通过对南宁的简称"邕"的理解和绕城的邕江,对厂房的整体造型冠以水滴之形,同时辅以南宁市的市树——扁桃树的树叶造型装饰构架,轻覆在主厂房屋顶之上,以达到显露项目的独特地域设计理念的立意。厂房的立面造型设计和外观颜色力求与建构筑物的场地协调统一,在保证各体量功能、尺寸等要求的同时,以自由柔和的曲线来统一各功能空间建筑物的不同高度,重点突出"扁桃树叶"装饰构架的视觉焦点。设计力求简洁、明快,外立面装饰材料运用彩色压型钢板、橘红色砂岩效果面砖、天蓝色玻璃幕墙,使建筑物更显纯净与宁静,着力体现出工业的时代感。

设计要点

项目位于四周苍翠欲滴的山岭之中,主厂房为整体全封闭的顶部水滴弧面、四周方正的复杂造型,综合楼和辅助厂房、渗沥液处理站分层错落有致的坐落在依山下沉的各级台阶上,建筑外立面通过颜色和周边环境遥相呼应,形成青山中镶嵌着一颗蓝宝石挂坠的高雅庄重意境。

厂区的整体设计创作主要围绕下列几点展开:

· 建筑设计与所在城市的绿城主色调相一致,具有较高的融合度

· 建筑色彩和周边环境互相映衬,突出而不特殊,显得明净整洁

· 建筑集群相对集中和分区分层,用现代简约化的设计理念来体现垃圾焚烧发电厂的建筑特征和特色

· 建筑功能、造型、材料等基本建筑要素,均以坐标雕塑的手法整合于总平面布置中,展现出静止的流动美学,将现代色彩与经典造型完美结合

· 建筑体各功能分区明显、错落有致,参观通道曲径通幽,处处有景、步步见绿,充分实现了建筑的功能性和阐述了环保理念

· 注重技术与环境的融合度,多方位体现"以人为本""化邻避为邻利"的先进设计理念

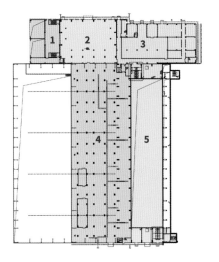

底层平面图

1. 升压站
2. 汽机间
3. 集中控制楼
4. 锅炉焚烧间
5. 垃圾坑

3.5 米 /4.5 米层平面图

1. 电缆夹层
2. 汽机间
3. 主厂房辅助车间

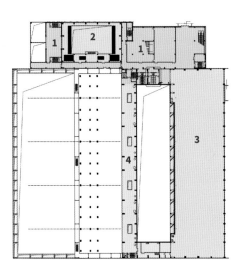

8.0 米层平面图

1. 集中控制楼区域
2. 汽机间
3. 卸料平台
4. 锅炉焚烧间

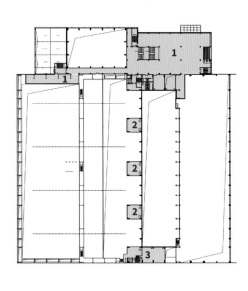

14.1 米层平面图

1. 集控楼参观区域
2. 锅炉焚烧平台
3. 辅助房间

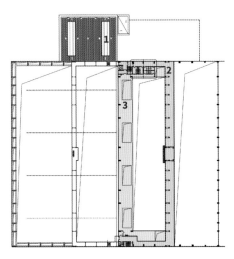

23.0 米层平面图

1. 汽机间屋面
2. 垃圾抓手吊控制室
3. 垃圾给料平台

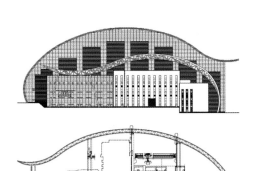

主立面图

剖面图

1. 垃圾卸料平台
2. 辅助车间
3. 垃圾坑
4. 锅炉焚烧间
5. 尾气处理间

桂林市山口生活垃圾焚烧发电工程（1500 吨／天）

地点：广西壮族自治区桂林市

建设方：桂林市深能环保有限公司

设计院：中冶南方都市环保工程技术股份有限公司

设计团队：聂永俊、杨学祥、朱宏、闵万祥、操纪巍

完工时间：2019 年 2 月

占地面积：98,000 平方米

主要材料：压型钢板、玻璃幕墙等

工程造价：8.945 亿元

焚烧炉厂家：西格斯

烟气净化工艺：SNCR+ 半干法 + 干法 + 活性炭吸附 + 袋式除尘器

项目背景

桂林是世界著名的风景游览城市和历史文化名城,是广西壮族自治区最重要的旅游城市,享有山水甲天下之美誉。根据《桂林市城市总体规划(2010-2020年)》,构建桂林市"三水三山"的区域生态网络结构,随着桂林市逐步形成中心城区环境进一步优化、中心城市结构进一步完善、各组团功能定位各具特色、生态环境优良、设施配套完善、经济繁荣、社会文明、生活幸福的特大城市构架目标的持续推进,垃圾处理作为世界性难题已愈来愈受到重视,上升为桂林市必须面对和亟待解决的问题。

桂林市五城区(象山区、秀峰区、叠彩区、七星区、雁山区)近几年垃圾总量为123.92万吨,年均为24.784万吨,日均679吨,尤其近三年垃圾产量稳步持续增加。随着社会的发展,人民生活水平的提高,产生的生活垃圾量会大大地增加,而且伴随着社会主义新农村的建设大潮,城镇居民数量会快速增长,城市化的比例将大幅度提高,生活垃圾清运范围也由原来的市区逐步发展到市城各乡镇,生活垃圾收运量也会大幅度提高。桂林市垃圾的处置工作压力越来越大。

桂林市政府在环卫设施上做了大量的相关工作,现有的大型环卫终端处理设施包括:冲口垃圾处理场(2013年底已关停)、平山堆肥厂、山口生活垃圾卫生填埋场。但随着人民生活水平的提高,人均日生活垃圾产生量在增加,垃圾收运系统不断完善,生活垃圾收集量将会大幅度增加,进垃圾填埋场的日垃圾量大大超过填埋场设计处理能力,填埋场的使用年限将会缩短,不久的将来,桂林市将面临生活垃圾无处可去的严峻问题。目前桂林市生活垃圾处理的方式较为单一,生活垃圾主要以卫生填埋方式进行处理,辅以垃圾堆肥的处理方式。对比目前的国内现状,桂林生活垃圾处理水平还有进一步提高,这与桂林市的城市定位也有着一定的差距。因此现在考虑生活垃圾以焚烧发电的处理方式意义重大,采用焚烧发电的方式处理生活垃圾,其"减量化、资源化、无害化"的效果是最好的,节约大量的宝贵土地资源,同时大大延长现有填埋场的使用寿命。该项目选址在桂林市临桂区临桂镇山口村山口生活垃圾卫生填埋场。

设计挑战

随着中国城市绿色环保理念的不断推进,工业建筑设计力求不断创新,在工业设计原设计运行的基础上,开创工业建筑去工业化,倡导工业设计理念生活化、环保化。本次主厂房设计需要在遵循地方建筑样式元素取材的主体方向下,用新的思维方法去理解工业建筑的创新。

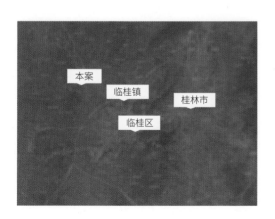

区位图

1. 主厂房
2. 办公楼
3. 食堂
4. 倒班宿舍
5. 冷却塔
6. 综合水泵房
7. 点火油库
8. 景观绿化

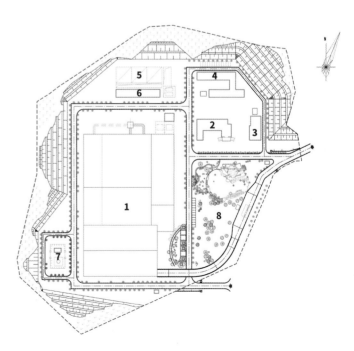

总平面图

建筑方案设计

桂林市山口生活垃圾焚烧发电项目是桂林市的第一个生活垃圾处理环保类项目,作为全国著名的山水园林旅游城市,环保建筑一定要体现桂林与生俱来的自然历史人文特色。

首先在建筑风格的选择上毫无疑问是西南古建为主导,初期在方案设计过程中搭配了过多的木结构造型穿插于山水楼阁细部,虽然造型很具丰富性,但并不能充分诠释桂林山水的特殊感觉。中期设计中由于工艺布置的功能局限性,又加入结构设计的施工工期考虑,对方案又进行了较大的简化,这一次设计师对新的方案更为不满意。最终设计选择了在初始设计的基础上进行了中式古建的造型翻新,对整体色彩搭配、屋面挑檐造型、建筑装饰构件上都进行了深入的处理,建筑的材料选择也经历了大量的资料翻阅,既要体现建筑的特有风格,又要选择当前最新环保材料的运用,这一次的中式风格翻新是成功的。

新的方案整体上体现西南中式风格,色调上以光洁白搭配木质褐,建筑整体造型穿插有度,组合自如。彩板、幕墙、砌体、型材、仿古构件丰富搭配,组合中有对称,对称上又有形体的变化,把工业的布置用建筑的艺术手法完美呈现。

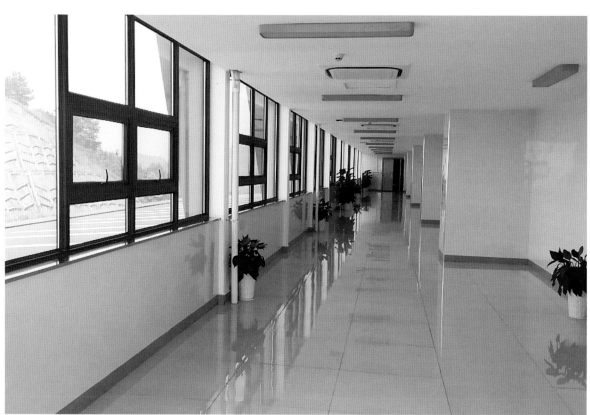
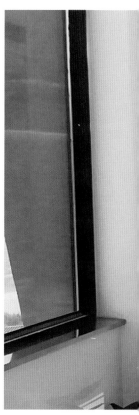

设计要点

项目毫无疑问体现了地域性、民族性与自然的和谐相融。全厂建筑风格为一个完整古建建筑群,打消了民众对工业建筑,特别是危废处理工业的传统性认知,在环保技术飞速发展的今天,不仅仅局限在环保排放上的突破,也在打造一个新的环保理念。

本项目除了在生活垃圾焚烧发电基本生产对城市环保处理的贡献外,在方案期初布置就融入了环保教育理念,设置了专有的环保参观教育流线,将生产处理全流程展现在市民面前,且在参观展示区域作了二次精装修处理,工业建筑也具备了特有的环保参观教育功能。

本项目是从2015年正式进入方案的决定性设计阶段的,在那个时间段全国的垃圾焚烧项目刚刚推出去工业化理念,很多垃圾焚烧发电厂还是传统意义上纯工业化建筑,且技术相对落后。桂林项目正是在这个阶段走在了革新的前沿,在很多企业还仅仅着眼于紧跟项目利润和施工周期的时候,他们很艰难的逆风选择了项目的长远化意义,注重文化的建设,注重环保的宣传,一直认为垃圾焚烧发电厂是城市整体规划发展的重要部分,它肩负着城市形象与环保教育的各项职责,要勇于在设计中展现其功能与地域特色。

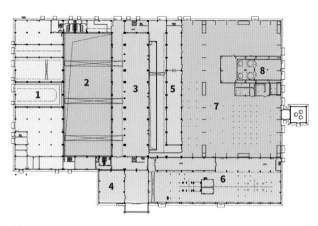

底层平面图

1. 主厂房辅助车间	5. 除渣间与电气楼
2. 垃圾坑	6. 汽机间
3. 锅炉焚烧间	7. 尾气处理间
4. 集控楼部分	8. 飞灰处理间

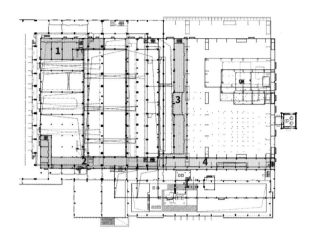

4.2 米层平面图

1. 检修人员办公区
2. 取样间与集控楼部分
3. 电气楼
4. 汽机间夹层

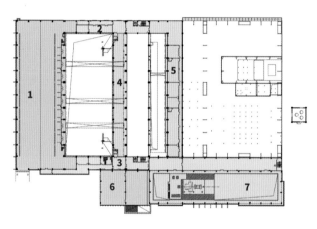

8.0 米层平面图

1. 垃圾卸料平台	5. 电气楼夹层
2. 值班室与仓库	6. 中央控制室
3. 8.0 米层参观区域	7. 汽机间
4. 锅炉焚烧间	

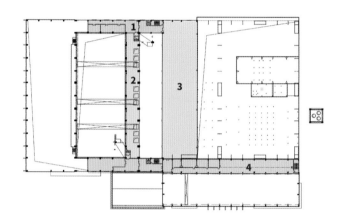

12.0 米 /14.0 米层平面图

1. 辅助房间
2. 锅炉焚烧间
3. 14.0 米平台
4. 辅助间与除氧间

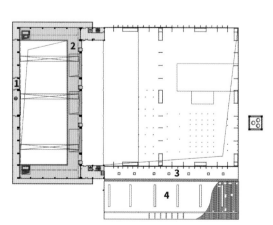

25.0 米层平面图

1. 垃圾吊控制室	3. 除氧间屋面
2. 垃圾给料平台	4. 汽机间屋面

主立面图

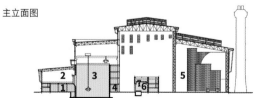

剖面图

1. 辅助车间	4. 锅炉间
2. 垃圾卸料平台	5. 尾气处理间
3. 垃圾坑	6. 除渣间与电气楼

攀枝花市生活垃圾焚烧发电工程（800 吨 / 天）

地点：四川省攀枝花市

建设方：攀枝花旺能环保能源有限公司 (旺能环境)

设计院：中国联合工程有限公司

项目负责人：石靖

工艺负责人：王海东、周姣、王益嗣、马琳、张慧康

建筑负责人：万勖

结构负责人：周华强

建筑方案创作团队：杭州中联筑境建筑设计有限公司 / 王大鹏、蓝楚雄

完工时间：2018 年 6 月

占地面积：73,900 平方米

总建筑面积：约 22,907 平方米

主要材料：改良铝板、菱形玻璃、真石漆、垂直绿化等

工程造价：36,842.2 万元

焚烧炉厂家：重庆三峰

烟气净化工艺：SNCR+ 半干法 + 干法 + 活性炭吸附 + 袋式除尘器

项目背景

攀枝花市生活垃圾焚烧发电工程,是为解决攀枝花市城市生活垃圾处理日益增长的需求,实现生活垃圾处理的无害化、减量化、资源化,进一步改善生态环境而建设的重大民生工程。项目的建设不但可以大幅度减少攀枝花市生活垃圾的填埋量、延长填埋场的使用年限,还可以焚烧发电、变废为宝,实现生活垃圾的资源化处理,同时还能有效改善城市环境、减少恶臭污染、提升生活垃圾的处理水平,真正实现城市生活垃圾处理的"三化"目标。本项目是攀枝花市重大民生工程,项目选址于攀枝花市仁和区大龙潭乡迤资社区马头滩。

设计挑战

本项目场地总体属低中山构造剥蚀地貌,沟谷斜坡地形,场地最高点1230米,最低点1174米,地形起伏很大。因此,在进行厂区竖向设计时,采用了十分精细化的阶梯布局,充分利用了现有地形,同时获得十分合理的工艺流线。

此外,工程设计抗震设防烈度为8度,建设用地适宜性基本达标,场地前后均为高陡坡,地质条件较差。结构设计时因地制宜,通过经济技术分析,采用了多种结构处理方式,使得结构设计经济合理。

本项目设计根据建设方要求,充分总结了其已建项目经验,在整体布局和各系统设计中进行了各项优化,多有创新。最主要是本项目在建筑造型上有很大突破,充分结合当地自然人文景观,大胆营造出了新时代的工业建筑风格。

1. 主厂房
2. 接待中心
3. 倒班宿舍
4. 机械通风冷却塔
5. 工业消防水池
6. 综合水泵房
7. 远期预留场地
8. 点火油库
9. 渗沥液处理站

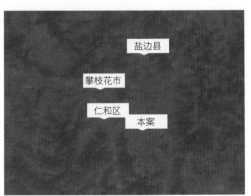

区位图

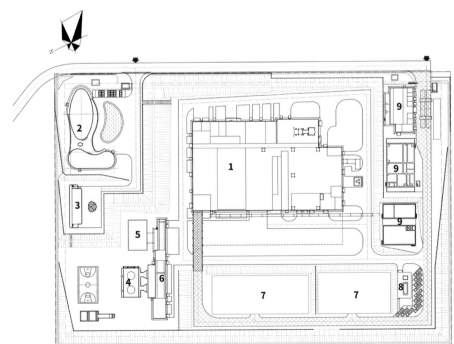

总平面图

总平面布局

根据选址地形情况、交通条件、地块形状,结合垃圾及其他物料的运输、竖向布置和功能分区等因素进行综合考虑,因地制宜,合理布置,在满足总体布局和主要生产厂房工艺流程的前提下,做到功能分区明确,交通流线设计合理,人流、车流、物流均互不干扰,充分体现设计的前瞻性。

由于项目厂址位于区域高点,西南两侧依山,东北两侧面朝金沙江,视野广阔,因此主厂房设计主立面朝向东面。园区道路位于厂区东侧,根据外部条件,分别设置了人流及物流出入口。

建筑方案设计

主厂房区主题为"花开山城",造型提取钒钛磁铁矿、攀枝花、山城、阳光等城市元素,经过抽象、重组后生成,建筑物底部以绿色和植物为元素,与周边山景和绿化融为一体,上部分为绽开的5瓣花瓣,寓意在绿色新能源的孕育下,城市生命力蓬勃发展。接待中心提取攀枝花四大名砚之首苴却砚,形象温润细腻,浑圆剔透,具有亲和力。宿舍立面提取新芽元素,生命的开始,希望的象征,从土壤中汲取养分,寓意变废为宝。

 抽象 → 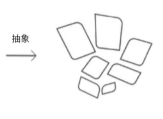 重组 → 生成 →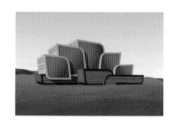

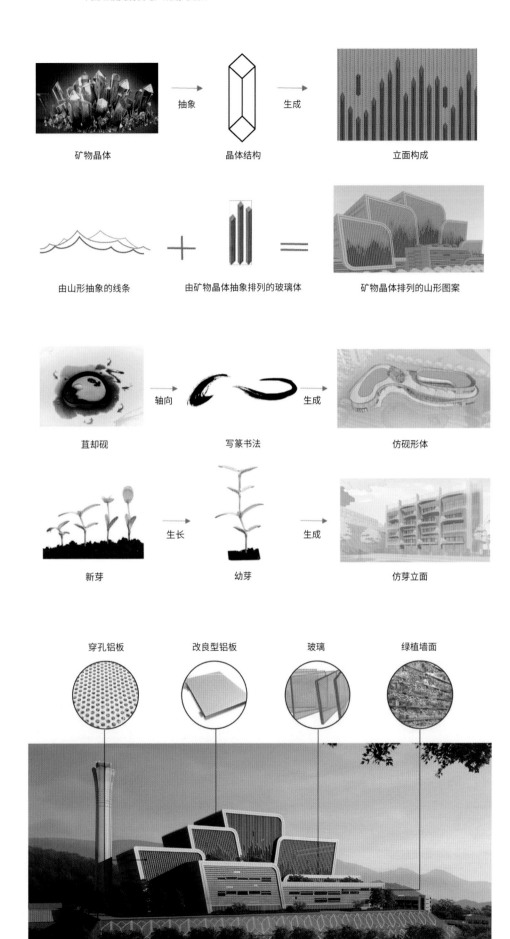

矿物晶体　　　　　　抽象　　　　　　晶体结构　　　　　　生成　　　　　　立面构成

由山形抽象的线条　　＋　　由矿物晶体抽象排列的玻璃体　　＝　　矿物晶体排列的山形图案

苴却砚　　　　　　轴向　　　　　　写篆书法　　　　　　生成　　　　　　仿砚形体

新芽　　　　　　生长　　　　　　幼芽　　　　　　生成　　　　　　仿芽立面

穿孔铝板　　　　　改良型铝板　　　　　玻璃　　　　　绿植墙面

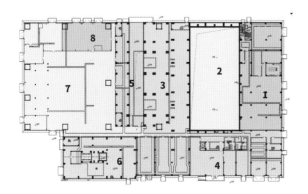

底层平面图

1. 主厂房辅助车间　　5. 除渣间与电气楼
2. 垃圾坑　　　　　　6. 汽机间
3. 锅炉焚烧间　　　　7. 尾气处理间
4. 集控楼部分　　　　8. 飞灰处理间

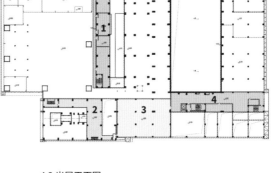

4.2 米层平面图

1. 渣吊控制室及辅助用房
2. 汽机间夹层
3. 电缆夹层
4. 集控楼 4.2 米层部分

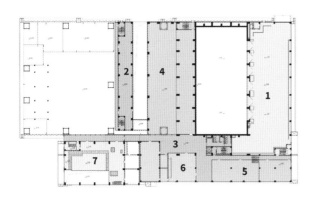

7.0 米层平面图

1. 垃圾卸料平台　　　5. 办公区域
2. 管道夹层　　　　　6. 中央控制室及附属用房
3. 7.0 米参观区域　　7. 汽机间
4. 锅炉焚烧间

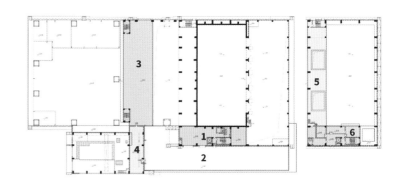

13.0 米 /13.5 米层、22.0 米 /24.5 米层平面图

1. 辅助用房　　　　　5. 垃圾给料平台
2. 集控楼屋面　　　　6. 垃圾吊控制室及附属用房
3. 13.0 米平台
4. 除氧间

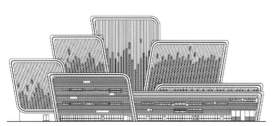

主立面图

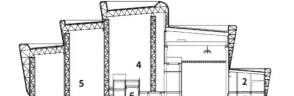

剖面图

1. 辅助车间　　　　　4. 锅炉间
2. 垃圾卸料平台　　　5. 尾气处理间
3. 垃圾坑　　　　　　6. 除渣间与电气楼

绵阳市生活垃圾焚烧发电项目（1000 吨／天）

地点：四川省绵阳市

建设方：绵阳中科绵投环境服务有限公司

设计院：中国恩菲工程技术有限公司

项目负责人：陈德喜

技术总监：刘海威

设计负责人：王智敏

工艺负责人：陈娅丽、易军、黎小保、高玉萍

建筑负责人：王香国、耿志莹

结构负责人：孙亚民

其他专业负责人：徐照军、江婷、吕东彦、王彦洗、张福玉

完工时间：2017 年 9 月

占地面积：90,000 平方米

总建筑面积：约 73,494 平方米

主要材料：石材、仿石涂料、压型钢板、玻璃幕墙等

工程造价：52,641.20 万元

焚烧炉厂家：重庆三峰

烟气净化工艺：SNCR+ 半干法 + 干法 + 活性炭吸附 + 袋式除尘器

项目背景

绵阳市是党中央、国务院批准建设的我国唯一科技城。绵阳市生活垃圾焚烧发电项目能够解决城市生活垃圾填埋带来的环境污染问题,具有生活垃圾处理的无害化、减量化、资源化的优势,进一步改善生态环境而建设的重大环保工程。项目的建设不但可以缓解垃圾填埋场使用容量,还可以热能利用、焚烧发电,实现生活垃圾的资源化处理,同时还能有效改善城市环境、减少环境污染、提升生活垃圾的处理水平。项目选址位于绵阳市涪城区玉皇镇内的绵阳市第二生活垃圾填埋场区南侧。

设计挑战

本项目选址于丘陵斜坡与沟谷部位,原为鱼塘,北侧为现有垃圾填埋场,东、南、西三面环山,场地有限。项目建设规模属于 I 类,为两期工程,先建设一期工程,预留二期位置。项目统筹性、兼顾性强,在有限场地内设计难度大。充分利用丘陵地形特点,垃圾运输坡道借山势布置,在厂区长度受限情况下,冷却塔高位布置,节省占地和投资。

绵阳市生活垃圾焚烧发电项目从环境不友好的垃圾填埋场到达到厂区与周边环境的和谐统一的花园工厂,项目安全稳定连续运行,环保指标达标排放,成为具备环保教育功能的青少年教育基地,以及环境优美的绿色工程。

项目主要特色

本项目是以"循环经济、绿色工业"为设计理念的环保建设项目,主厂房的造型采用简洁而有力的几何形体,看上去轻盈、灵动、现代,体现了环保产业朝气蓬勃的发展势头,而且在这样"吞噬消灭"大量城市生活垃圾的同时实现了热能和电能之间的良性循环经济,也为城市居民提供了清洁能源,实现了绿色环保的目的。

1. 主厂房　　4. 冷却塔
2. 景观水池　　5. 渗沥液处理站
3. 综合水泵房　　6. 二期预留场地

区位图

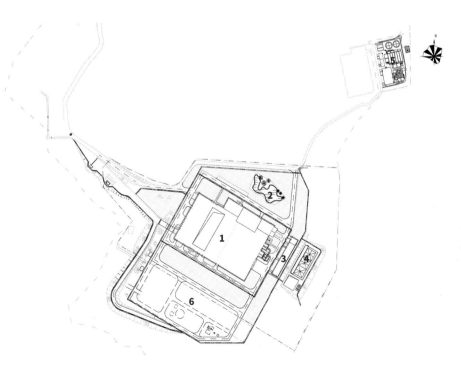

总平面图

总平面布局

充分利用填埋场地形情况,提前考虑了园区未来的规划,道路交通条件,结合现有填埋厂运输、竖向布置和功能分区等因素进行综合考虑,合理地规划了项目区内的各种交通流,使之能有机高效地联结各功能区域。厂内主要建筑物四周均设置环形通道,在满足生产工艺流程的条件下,力求各种物料运输畅通,运距短捷,减少不必要的迂回,充分体现设计的前瞻性。

根据场地原有的外部交通条件,原有填埋场内只有一条现有道路通向项目现场,本次设计充分利用厂内现有道路,并在道路上开口,借用山势,独立开辟了垃圾运输坡道,一定程度上实现人流和物流的分离,独立成系统,避免与其他物流运输交叉干扰。

建筑方案设计

建筑方案考虑与周围环境协调,依山就势,顺势而为,将主厂房

以"山水石"为设计理念,从前卫文化中的时尚动感,加以设计描述,使方案简洁、大气、实用,并充满了地域特色和时代精神,实现了工业建筑的多元化、去工业化,人性空间放大化和生产过程透明化的设计特点。

同时合理规划功能布局,将垃圾运输、卸料等工艺性生产用房设于西区,而服务于生产用房的水工区设于东区,二期餐厨、医废用地设于南侧,与一期之间采用30米绿化隔离带分隔,充分利用现有地貌条件达到节能、节地的目的。

根据项目所在地周边自然山体地势起伏,以及垃圾焚烧发电类工程的环保特点,将项目定位于环保型工业建筑,具有满足生产流程的工艺要求、环保建筑的绿色生态等特殊设计要求。设计围绕场地选址特点、当代绵阳市民的精神面貌和垃圾焚烧发电项目的行业特征出发,呼应周围丘陵地势——将主厂房按照卸料

大厅—垃圾仓—焚烧净化间的顺序体量高度逐渐提升,打造成
具有起伏感、方向性的屋面装饰架,将建筑物的使用功能与周边
起伏山体形式意向性结合,实现了建筑与环境的交流、融合。

在主控楼、净化厂房和卸料大厅采用折线形的外包立面幕墙,形
成与周边起伏山体形式意向性重合的建筑造型,增强建筑体量
的组合变化,并在垃圾卸料及垃圾仓立面采用大小规律性变化
的圆形窗户和色彩变化形成独特的建筑立面语汇,同时利用菱
形网格线将不同的圆形节点联系在一个网络中,寓意垃圾焚烧
项目作为处理中心承载着周边各地垃圾变废为宝的重要核心功
能。建筑表达利用不同的组合变换的体量整合为一体,使建筑在
变化之中不失统一性和韵律性。

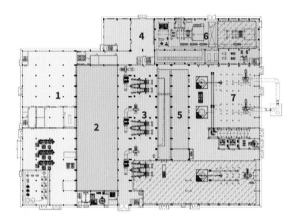

底层平面图

1. 主厂房辅助车间　　5. 除渣间与电气楼
2. 垃圾坑　　　　　　6. 汽机间
3. 锅炉焚烧间　　　　7. 尾气处理间
4. 集控楼部分

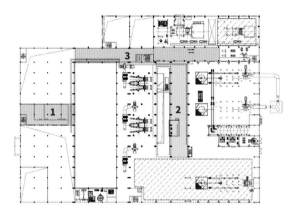

4.0 米层平面图

1. 检修人员办公区
2. 电气楼 4.0 米层
3. 汽机间夹层

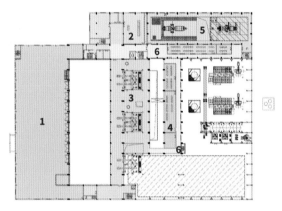

7.0 米层平面图

1. 垃圾卸料平台　　5. 汽机间
2. 中央控制室　　　6. 7.0 米层参观区域
3. 锅炉焚烧间
4. 电气楼夹层

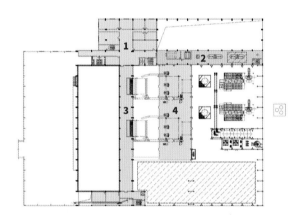

13.0 米层平面图

1. 办公楼区域
2. 辅助间与除氧间
3. 锅炉焚烧间
4. 设备平台

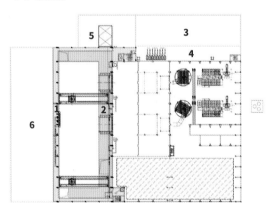

22.0 米层平面图

1. 垃圾吊控制室　　5. 办公楼屋面
2. 垃圾给料平台　　6. 卸料平台屋面
3. 汽机间屋面
4. 除氧间屋面

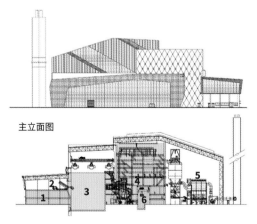

主立面图

剖面图

1. 辅助车间　　　　5. 尾气处理间
2. 垃圾卸料平台　　6. 除渣间与电气楼
3. 垃圾坑
4. 锅炉间

南充市垃圾焚烧发电厂项目（1200 吨 / 天）

地点：四川省南充市

建设方：中航工业南充可再生能源有限公司

设计院：中国航空规划设计研究总院有限公司

设计团队：沈强、杨文博、车卫彤、薛彦博、张雪松、李超、李巍巍、丁飞、成洁、何晶、沈亦尘、刘昱、孔超

建筑方案创作团队：沈强、杨文博、何晶、薛彦博

完工时间：2012 年

占地面积：73,600 平方米

总建筑面积：31,752 平方米

主要材料：金属压型波纹钢板幕墙、镀铝锌复合钢板幕墙、玻璃幕墙、外墙涂料等

工程造价：4.2 亿元

焚烧炉厂家：日立造船

烟气净化工艺：SNCR+ 半干法 + 干法 + 活性炭吸附 + 袋式除尘器

项目背景

南充市垃圾焚烧发电厂位于四川省南充市嘉陵区化学工业园内，建设规模为日处理生活垃圾1200吨，总投资4.2亿元，由中航工业南充可再生能源有限公司以BOT方式投资、建设、运营。用地以东600米为嘉陵江，西邻212国道，厂区四周规划有园区城市干道，与城市之间交通便利。

设计挑战

项目要求按照技术先进、环保达标、安全卫生、运行可靠、经济适用的原则，除满足节能、环保的工艺高要求，改善生产效率和工作环境，更需要在厂区风格中力求简洁、明快，体现时代特色，与环境相融合，并具有一定的标志性。

项目主要特色

南充市生活垃圾焚烧发电厂的主厂房设计以实用、美观、现代为宗旨。在造型设计中，借用电脑游戏"俄罗斯方块"的设计理念，用凹凸变化的手法，增加空间构成的情趣感，减轻主厂房庞大体量对周边环境的压迫感，将周边小建筑与主厂房彼此咬合，伸缩变化。并且，在体块交接处以玻璃为过渡材料，既满足了采光要求，又增强建筑的虚实对比，强化了设计理念。

金属幕墙的运用，色彩的合理搭配，使建筑外观体型丰富，层次分明，体现了现代化工业建筑稳重而不失活泼，大气而不失细腻的特点，充分展现出生机勃勃的时代气息。

1. 主厂房
2. 综合楼
3. 液化天然气储罐
4. 综合水泵房
5. 冷却塔
6. 生产、消防水池
7. 渗沥液处理站
8. 110kv 升压站
9. 预留用地

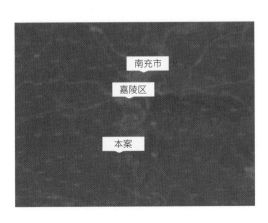

区位图

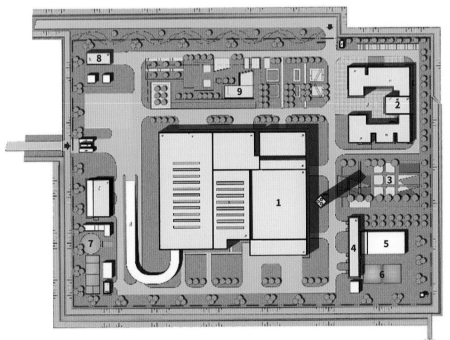

总平面图

总平面布局

该项目紧邻城市,周边环境优美,绿化率高,整个厂区是化学工业开发区内一部分。东北侧有道路连通南充市区,是未来参观人员来此主要方向,设计师在此布局主入口广场,将配套的主厂房、汽机房、电控楼、综合楼等建筑围绕广场展开,主厂房内部的参观流线主入口也布置于此。西南侧有规划的化学园区内部道路,将主要的垃圾车道和影响环境的附属厂房布局此处。

在满足工艺要求的前提下,主要考虑了参观人员的流线设计、参观空间建筑设计以及附属办公居住综合体的建筑设计三大内容。普通市民的参观流线、管理人员的办公流线、垃圾车的运输流线、工作人员的休息空间等进行了仔细考虑,着重研究,做到互不干扰,动静分开、张弛有度。在主厂房内设有参观走廊、屋顶阳台和观景茶室等休息交流场所。

建筑方案设计

建筑造型方面本质上是三个大体量厂房与周边若干个大小不等建筑的衔接问题。为了将其彼此衔接设计有一定的趣味性,减少传统对工业厂房建筑单调的感觉,有必要采用一种大家都有所了解的形式引起共鸣,突破建筑视觉领域,以此触发人们对生活经历的共鸣。设计团队采用了向"超级平面(Super Flat)"这一当代艺术潮流学习,造型试图抹平"娱乐"与"艺术"之间的界限,缩短两者距离。

建筑构图强调暧昧感与模糊性,一幅画面中多视点共同存在,类似电子游戏与动画片,从形式到内容都很"薄",虚无感强烈。主厂房、汽机房、电控楼外墙面主要采用白色、黑色凸凹金属板和玻璃幕墙三种材料,着力实现"将建筑表现集中在表层,打破建筑中各层面构成和顺序的关系,不再区分与强调建筑中的主与次,而将其同排列后重新考虑"的设计理念,实现体量与材质的一体化设计,实现了远景构思赋形明确,中景建筑变化丰富,近景符合人性化尺寸的要求。

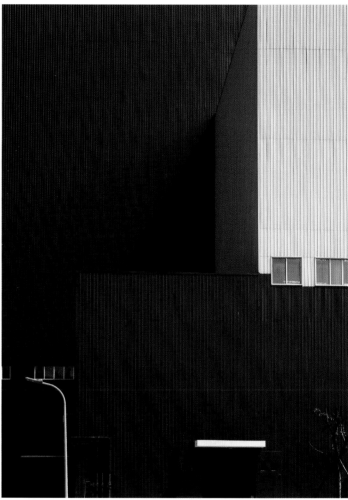

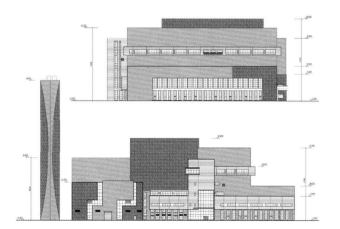

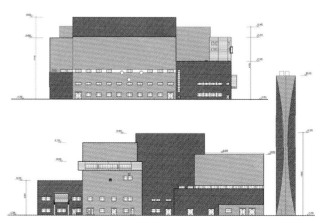

立面图

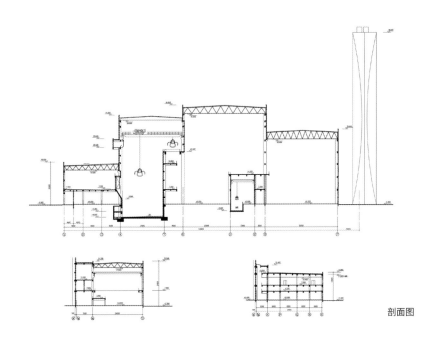

剖面图

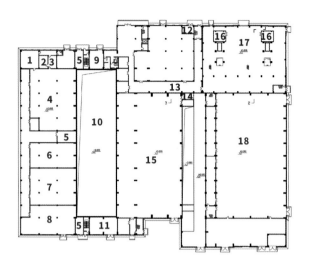

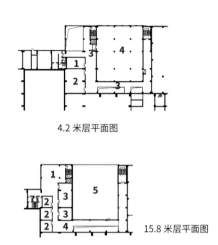

4.2 米层平面图

15.8 米层平面图

底层平面图

1. 控制室　　　10. 垃圾池
2. 药品间　　　11. 尿素溶液配制间
3. 就地化验室　12. 蓄电池室
4. 水处理间　　13. 走廊
5. 风机间　　　14. 排污坑
6. 材料间　　　15. 焚烧间
7. 机修间　　　16. 发电机小间
8. 空压机间　　17. 汽机间
9. 加药间　　　18. 烟气净化间

4.2 米层平面图
1. 机电间
2. 备件间
3. 走廊
4. 电缆夹层

15.8 米层平面图
1. 过厅
2. 值班室
3. 办公室
4. 走廊
5. 屋面

19 米层平面图
1. 除臭风机间
2. 平台

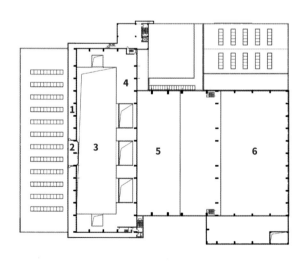

7 米层平面图

1. 控制室　　　　　8. 集中控制室
2. 垃圾斗检修平台　9. 除渣间上空
3. 卸料平台　　　　10. 汽机间
4. 坡道　　　　　　11. 参观走廊
5. 垃圾池上空　　　12. 配电间
6. 汽水取样间　　　13. 炉渣起重机控制室
7. 电子设备间　　　14. 灰库及飞灰固化车间上空

26.5 米层平面图

1. 走廊
2. 吊车控制室
3. 垃圾池上空
4. 垃圾料斗平台
5. 焚烧间上空
6. 烟气净化间上空

重庆市第三垃圾焚烧发电厂项目（4500 吨／天）

地点：重庆市

建设方：重庆三峰百果园环保发电有限公司 (重庆三峰)

设计院：重庆三峰卡万塔环境产业有限公司、中机中联工程有限公司

项目负责人：王波、刘正荣

工艺负责人：王波

建筑负责人：刘正荣

结构负责人：景其增

建筑方案创作团队：深圳汤桦建筑设计事务所有限公司

完工时间：2018 年 5 月

占地面积：231,714 平方米

建筑面积：12 万平方米

主要材料：GRC 板、玻璃幕墙、铝单板、压型钢板等

工程造价：24.25 亿元

焚烧炉厂家：重庆三峰

烟气净化工艺：SNCR+ 半干法 + 干法 + 活性炭吸附 + 袋式除尘器

项目背景

重庆市主城区2015年有垃圾处理（厂）场四座，分别是同兴垃圾焚烧发电厂、长生桥垃圾填埋场、黑石子垃圾填埋场和丰盛垃圾焚烧发电厂，日处理总能力达到6100吨。

根据"十二五"规划，重庆市主要垃圾焚烧发电厂已列入计划进行安排，重庆市第三垃圾焚烧发电厂项目是纳入国家《重点流域水污染防治规划（2011—2015）》的重点项目。项目于2015年9月开始建设，2018年5月建成投产。项目的投产使重庆主城区生活垃圾处理全部变为焚烧发电的无害化、减量化、资源化的先进模式，改善了生态环境，有效地解决了重庆城市发展的垃圾难题，助力重庆的绿水青山建设。

重庆市第三垃圾焚烧发电厂项目位于重庆市江津区西湖镇青泊村，毗邻重庆外环高速支坪收费站，距最近的重庆市江津区约25千米，距市中心约83千米。

设计挑战

重庆市第三垃圾焚烧发电厂项目所在地为丘陵地貌，山坡多、深沟多，厂区东高西低，总体地形变化较大，场地西侧为一条南北走向的冲沟，沟宽约30.0米，中部形成间断分布的3座山丘，东侧靠山。厂区最高点高程为255.00米，最低点高程为197.50米，相对高差约57.50米。如何充分合理的考虑山区地形地貌，使项目能有效地融入周边环境，打造环保的花园式工厂并对工程进行整体布局，是项目设计团队面临的挑战。

项目主要特色

本项目整体建筑立面以山水立意，简洁朴素又大气沉稳，展现了现代工业建筑之美。项目设计充分利用项目的地形地貌，以主厂房山体立面设计和办公综合楼的吊脚楼设计，丰富了整体建筑的层次感和立体感，使之错落有致，大气沉稳，体现出重庆山水城市之美。

1. 主厂房　　5. 冷却塔
2. 综合楼　　6. 炉渣堆场
3. 景观绿化　7. 渗沥液处理区
4. 水处理区　8. 沼气发电机房

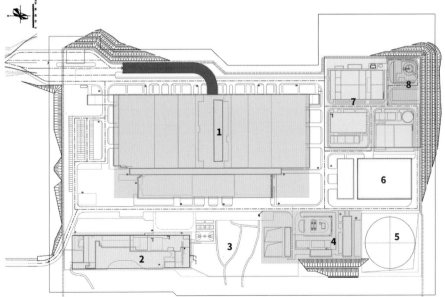

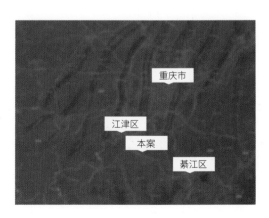

区位图　　　　　　　　　　　　　　　　　　　　　　　总平面图

重庆市第三垃圾焚烧发电厂项目的设计灵感来源于重庆3000多年的依山而建的建筑格调、两江环抱的山水印象和项目所在地的地形地貌、自然山水的结合。

项目设计以"自然、绿色、环保"为理念，充分体现垃圾发电厂生态环保型的设计思想，突出"山水""绿色"和"自然景观"等设计亮点。在主厂房内充分利用项目所在地的地形地貌，采用平坡和台阶相结合的竖向布置形式；外观设计上，将其塑造成抽象化的"山体"，与实景山体的交相呼应，诠释中国山水美学的建筑设计；办公楼则以吊脚楼的方式镶嵌在山谷之间，使项目建筑融入于周边环境，打造花园式工业旅游工厂。

总平面布局

综合考虑项目所在地的风向、地形、人员生活区、水流向、周边居民分布情况、厂区布局的污水和扬尘区域以及主厂房与各单元的有效分隔等因素，总图布置尽量减少垃圾等运输的影响区域，缩短运输流程，将垃圾运输与公众参观路线和生产区域有效分隔，实现人行和物流分流、清污分流、生产办公与公众参观分流。厂区分为四个功能区：办公生活区、主厂房区、渗沥液处理区和水动力区。根据自然条件及生产工艺流程等因素，主厂房布置在场地中央，办公生活区布置在西北部，渗沥液处理区布置在东南部，水动力区布置在厂区的南部。总体布局做到保证工艺流程顺畅，功能分区明确，节约用地，合理降低工程量。

结合四个功能区的布置，厂区的北面与进厂道路连接处间隔分设两个出入口，分别为物流出入口和人流出入口。物流出入口与垃圾接收大厅距离短且离行政管理区较远，对厂区影响小，垃圾车经物流出入口运入，进出经过称重和冲洗，通过高架桥进入主厂房8米标高的垃圾接收大厅。这样布置后使厂区内物流和人流分开，有利于提高人流出入口的清洁度和通行效率。厂区内道路呈环状，充分保证物流、人流的畅通。同时办公生活区与主厂房区合理间隔，满足了工艺、消防和办公生活的要求，充分体现了人性化的设计和先进性的布局。

建筑方案设计

本项目位于西湖镇青泊村,呈典型的川东山地景色,山岭深谷掩映在修竹密林之间,不管是云雾漫绕,还是夕阳飞霞都让人心旷神怡。办公各楼层可直达相应标高的室外山坡,享受自然环境。这样错落有致的建筑,充分利用了项目的地形地貌,既满足了工艺要求,又节省了工程量。

主厂房体量庞大,塑造成抽象化的"山体",并以立面粗犷的肌理和富于层次的表达,将其作为对中国山水美学的建筑诠释。辅助生产区有着众多的小体量建构筑物,以预制混凝土种植槽进行垂直绿化的方式将其掩映在厂区良好的整体绿化之中。

景观绿地

本项目景观系统平行于主体厂房,由西往东分为三个区域,分别是自然山水区、人工介入区和工业景观区,有不同的设计主题。

1.项目西面保留了原有的一条自西向东的小溪和天然山体,形成一个天然的湖泊,与周边的天然风景形成一条自然的山水区。

2.项目绿化布置注重点、线、面结合,绿地率达到30%。人工介入区以绿色为基调,主要栽种小叶榕、枇杷树等乔木,配以各种色彩鲜艳的花卉、灌木、果树。从垂直结构上看,有乔木、灌木和地被,层次分明,达到自然美、视觉美、造型美的效果。厂前区精心设置广场、景观喷泉和观景亭三个亮点,厂区内建筑周围大面积种植树冠优美的乔木、草皮,道路线形绿化与广场片状绿化,不但美化环境,还起到了隔音防尘的作用。整个厂区呈四季常绿、四季有花香的自然意境,打造花园式工厂,让人赏心悦目。

3.办公生活区结合现有山体打造山水园林工业景观,依山而设的健身步道将综合楼后方山底运动场地、半山观景台、山顶健身主题公园有机连接为一个集健身、休闲、观景于一体的景观链,饶有趣味,让人在紧张工作之余得到有效放松,独特的景观模式也形成特有的企业文化。

造型

建筑造型根据工艺流程,结合当地地形地貌、气候水文等条件,诠释自然、山水之意。

厂房的立面造型设计和外观材料力求展现工业建筑与地形地貌的协调统一,并以立面粗犷的肌理和富于层次的表达。在保证各体量功能、尺寸等要求的同时,采用平坡和台阶相结合的竖向布置形式,充分利用场地的地形地貌,重点突出"中国山水美学"的建筑设计。

设计力求简洁朴素,外立面装饰材料运用GRC板、蓝色玻璃幕墙,使建筑物更富层次感,体现现代工业建筑与自然风景协调融和之美。

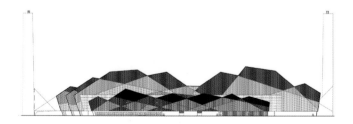

主立面图

剖面图

1. 辅助车间
2. 垃圾卸料平台
3. 垃圾坑
4. 锅炉间
5. 尾气处理间
6. 除渣间和电气楼
7. 垃圾吊控制室

在环保宣传教育展示厅的设计上,以"自然通风、隔窗观望"的
原则,参观者可在展示厅通过参观通道实地参观垃圾焚烧发电
工艺的全过程,在参观通道内看到主要设备的运行情况。让参
观者对垃圾焚烧发电既有感性的认识,又有理性的了解。

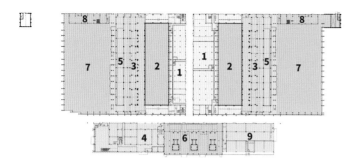

底层平面图

1. 主厂房辅助车间　　6. 汽机间
2. 垃圾坑　　　　　　7. 尾气处理间
3. 锅炉焚烧间　　　　8. 飞灰处理车间
4. 集控楼部分　　　　9. 升压站
5. 除渣间与电气楼

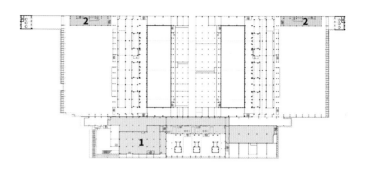

5.4 米层平面图

1. 汽机间、电缆夹层
2. 飞灰处理车间

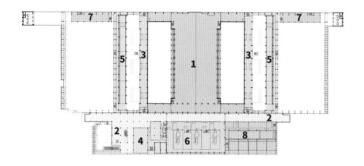

8.0 米层平面图

1. 垃圾卸料平台　　　5. 除渣间
2. 8.0 米参观区域　　6. 汽机间
3. 锅炉焚烧间　　　　7. 飞灰处理车间
4. 中央控制室　　　　8. 配电装置楼

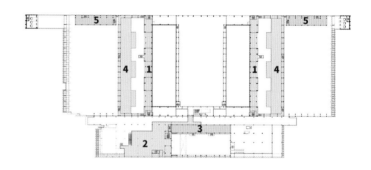

14.1 米层平面图

1. 锅炉焚烧间　　　　5. 飞灰处理车间
2. 样品区
3. 除氧间
4. 设备平台

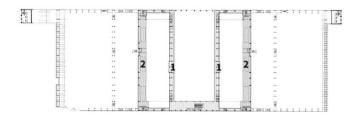

21.0 米层平面图

1. 垃圾吊控制室
2. 垃圾给料平台

北京鲁家山生物质能源项目（3000 吨 / 天）

地点：北京市门头沟区

建设方：北京首钢生物质能源科技有限公司

设计院：中国航空规划设计研究总院有限公司

设计团队：何晶、杨文博、陈晓峰、高凤荣、赵晓东、王世忠、吴坤、唐嘉、王昉、沈亦尘、薛彦博、姜鹏、高宗瑞

建筑方案创作团队：何晶、杨文博、薛彦博、沈强

完工时间：2013 年

占地面积：207,503 平方米

总建筑面积：69,500 平方米

主要材料：金属幕墙、玻璃幕墙、增强纤维水泥板幕墙、镀铝锌压型钢板、外墙涂料等

工程造价：22.8 亿元

焚烧炉厂家：日本三菱

烟气净化工艺：SNCR+ 半干法 + 干法 + 活性炭吸附 + 袋式除尘器 +SCR

项目背景

项目地点位于北京市门头沟区潭柘寺镇鲁家滩村,日处理生活垃圾3000吨,安装4台750吨/天机械炉排焚烧炉和2套30兆瓦凝汽式汽轮发电机组,由北京市政府和北京首钢生物质能源科技有限公司共同投资建设。北京首钢生物质能源科技有限公司负责建设、运营和管理,经营期为30年。垃圾焚烧后90%减容,减量80%,达到无害化处理目的。建筑设计采用共享、平衡、集成的手段,使得规划、建筑、结构、给水排水、暖通、电气与智能化、经济等各专业配合紧密,达成一种动态的、全面平衡和综合性的优化选择。

设计挑战

由于公众对垃圾焚烧项目技术的不了解,因而产生舆论、媒体的负面报道,导致公众误解垃圾焚烧发电工作的真正意义,引发了部分群众抗议继续建造垃圾焚烧发电设施。本项目针对发电厂环境设计所存在的共性问题,提出运用设计手段解决问题的需求,把厂区建设成为集趣味游乐和自然风光于一体的特色环保教育公园;让市民眼前一亮,吸引市民主动参与和互动,在接受教育的同时,因了解而改变过往对垃圾焚烧的偏见,解开这个惹民众争议的焦点问题,协助社会经济发展以及产业发展。

项目特色

本项目为垃圾减量化、资源化、无害化处理及可再生能源焚烧发电的环境保护工程,在供热发电、炉渣利用及废水排放方面都达到国际先进水平,实现了垃圾处理的生态、循环和可再生利用。年发电量4.2亿度,相当于每年节约14万吨标准煤,并向周边居民供热。给排水专业采用中水作为冷却循环水,每年节约300万吨城市供水资源,同时实现废水零排放。电气专业在屋面设置太阳能光电板和太阳能热水器,部分室内照明采用太阳能。暖通专业尽量采用自然通风和天然采光,部分空调系统采用太阳能。用焚烧代替填埋,大量甲烷(CH_4)气体得到减排,年平均减排温室气体的二氧化碳当量40万吨,焚烧产生炉渣可用于制造建材,实现资源综合利用;产生的飞灰将直接送危险废弃物处理厂进行高温无害化处理。项目规划建设有渗沥液处理设施,出水达到国际最新标准,回用于液压出渣机冷却水、炉渣综合利用用水、飞灰用水、水景工程补水、冲洗浇洒用水等,将最终实现废水零排放。本项目全方位地响应了清洁发展机制(CDM),贯彻"哥本哈根大会"精神。

北京鲁家山生物质能源项目这一优化首都生态环境、技术先进成熟的垃圾处理示范工程的建设,为首都增添了一座集环境保护、科普教育、绿色能源、生态旅游于一体的城市垃圾处理循环园经济区,使北京市生活垃圾处理"增能力、调结构、促减量"目标有了突破性进展。将极大提升北京市环境基础设施和公共服务水平,促进当地环保产业和生态旅游的发展。

1. 焚烧发电厂房　　7. 空冷器
2. 汽机及主控厂房　8. 地磅房
3. 110kV 升压站　　9a. 办公楼
4. 原水处理及综合泵房　9b. 展示中心
5. 废水处理车间　　10. 门房
6. 坡道　　　　　　11. 生活服务楼

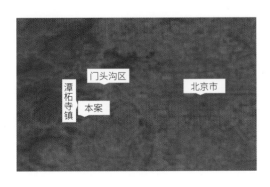

区位图

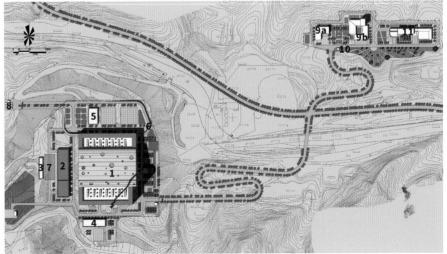

总平面图

总平面布局

总平面布局以满足工艺流程的高效合理运转为基础，建设场地资源利用通过控制场地开发强度，并采用适宜的资源利用技术，提高场地空间的利用效率和公用设施的资源共享。其次，场地绿色植物采用防污、滞尘设计与配置，提供良好的生态效益和景观功能。最后，建筑平面布局中垃圾车运输流线、参观流线、运渣流线、工作人员流线互不交叉，洁污分开，动静分开，营造良好的生产和工作环境。

建筑方案设计

建筑造型设计以绿色、生态、自然为出发点，主体建筑体型紧凑，要素简约，无大量装饰性构件，屋顶绿化降低了"城市热岛"效应，太阳能光伏发电技术和太阳能热水的利用体现生态节能的设计理念。建筑外形及烟囱造型突出趣味化、卡通化，吸引孩子们参观，达到"寓教于乐"的目的。建筑造型在体现生态技术的同时，顶部造型反映周边山体环境特点。在展现建筑与周围环境有机融合的同时，自身绿色形象特点突出，表现出低碳、经济、生态的建筑审美取向，建成后将成为首都青少年环保教育基地，同时也是展示绿色北京、生态北京的重要窗口。

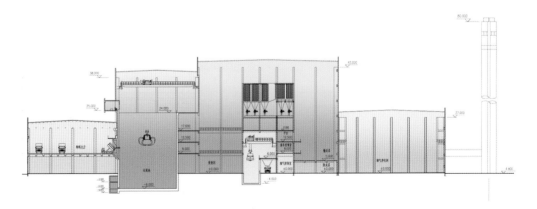

焚烧发电厂房剖面图

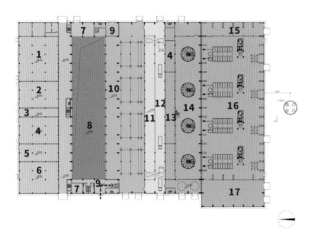

焚烧发电厂房底层平面图

1. 水处理间	10. 焚烧间
2. 机修间	11. 炉液储存池
3. 渗沥液收集间	12. 运渣通道
4. 备品备件间	13. 烟气控制室
5. 非金属间	14. 除灰间
6. 压缩空气间	15. 还原剂制备间
7. 风机间	16. 烟气净化间
8. 垃圾池	17. 炉渣综合利用车间
9. 门厅	

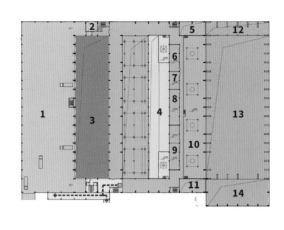

焚烧发电厂房 7 米层平面图

1. 卸料大厅	10. 输灰层
2. 维修间	11. 除灰间上空
3. 垃圾池上空	12. 还原剂制备间上空
4. 炉渣储存池上空	13. 烟气净化间上空
5. 制浆间上空	14. 炉渣综合利用车间上空
6. 取样间	
7. 锅炉地柜室	
8. 渣吊控制室	
9. 工具间	

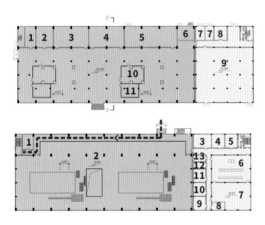

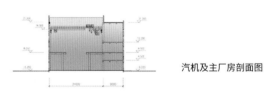

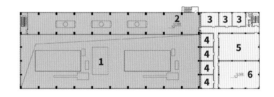

汽机及主厂房剖面图

汽机及主控厂房　　汽机及主控厂房
0 米层平面图　　　 8 米层平面图

1. 管道间	1. 管道间
2. 换热间	2. 汽机房
3. 给水泵房	3. 会议室
4. 变频器间	4. 继保试验室
5. 高压配电间	5. 自动设备校验室及执行机构检修间
6. 通信室	6. 集中控制室
7. 蓄电池室	7. 电子设备间
8. 值班室	8. 工程师室
9. 低压配电间	9. 仪表校验室
10. 发电小间	10. 感温元件校验室
11. 电抗器室	11. 分析仪表校验室
	12. 工具库
	13. 交接班室

汽机及主控厂房
12.5 米层平面

1. 汽机房上空
2. 除氧间
3. 办公室
4. 值班室
5. 多功能厅
6. 大办公室

北京市海淀区循环经济产业园再生能源发电厂工程（1800 吨 / 天）

地点：北京市海淀区

建设方：北京绿海能环保有限责任公司

设计院：中国五洲工程设计集团有限公司

项目负责人：梁立军

工艺负责人：闫志彬

建筑负责人：于立平、韩飞宇

结构负责人：颜伟华

完工时间：2015 年 12 月

占地面积：227,500 平方米

总建筑面积：62,863 平方米

主要材料：压型钢板、铝板、花岗岩石材等多种材料

工程造价：152,548 万元

焚烧炉厂家：费塞亚巴高克环境工程公司

烟气净化工艺：SNCR+ 半干法 + 干法 + 活性炭吸附 + 袋式除尘器 +SCR

项目背景

六里屯垃圾卫生填埋场是海淀区唯一的垃圾处理设施,于2013年提前5年封场。况且,海淀区境内很难再建设大型垃圾卫生填埋场;垃圾增长的势头近几年虽有所减缓,但总的趋势仍在增长。

本项目的实施,将有利于调整北京市和海淀区垃圾处理结构不合理的现象,提高焚烧和生化处理的比例,延长六里屯填埋场的使用寿命,发挥土地资源的利用率,在一定程度上可缓解北京市填埋土地紧张的局面。同时,为海淀区垃圾处理开辟新途径,为科学、合理、长期地解决好海淀区生活垃圾的处理问题创造条件,并全面提高海淀区垃圾处理的水平,使之与海淀区高新科技、文化旅游的特点相匹配。

设计挑战

本项目选址过程曲折,最终选定的海淀区苏家坨镇大工村山区丘陵地段,远离市区。厂区东侧是西六环路和郊区铁路线,其他三侧为绿化隔离带。厂址用地北侧、南侧均有排洪沟贯穿。该场地地处山前地带,工程地质条件相对复杂,存在洪水、泥石流地质灾害的潜在危险。在塑造海淀项目"炼•岩"造型过程中,立面挑檐是本工程最具特色,也最具挑战的。设计过程中解决了挑出的长度和视觉间

的关系、抗风压性能以及其自身防水措施等问题。基于北京气候特点,挑檐抗风压性能对结构也提出了挑战。特殊造型对建筑产生影响的预评估应引起重视。本案例中因建筑特殊造型使屋面溢流措施对建筑产生的影响不仅是建筑效果,还包括对结构主体、经济合理性等等。海淀区循环经济产业园再生能源发电厂工程按照技术先进、环保达标、运行可靠、经济适用、低碳节能、景观协调的原则进行。充分体现以人为本,可持续发展的先进设计理念。在保证技术上的先进性、可靠性、经济合理性、符合循环经济的发展方向基础上,成为北京一个技术先进、质量一流的循环经济产业园示范工程。

项目主要特色

本项目整体建筑基于"炼•岩"的意境表达,建筑具有表意性。充分考虑自身与地块周边城市规划的关系,外形简洁明了,整体感强;立面对线条比例及色彩进行深化设计,采用虚实对比设计形体表面,多重铝板挑檐线条的穿插变化,刻画岩体的断面层次,体现现代工业应具有的时代内涵,稳重中有轻巧,简约中有精致。形成了大气、具有再生感的工业建筑形体。既改变了工业建筑本身的形体层次,又丰富了城市标识的空间景象。

1. 主厂房　　6. 预处理及好氧处理工房
2. 烟囱　　　7. 滤渣暂存区
3. 高架引道　8. 发电机房
4. 综合水泵房　9. 综合楼
5. 渗沥液处理站

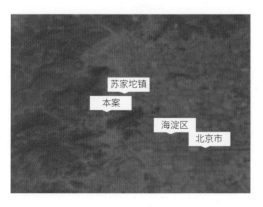

区位图

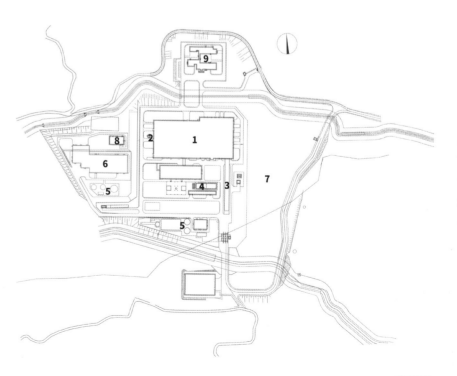

总平面图

总平面布局

全厂新建建、构筑物共有30多项，建设场地约为不规则五边形状的山区坡地，按使用功能分成5块相对平坦的用地。按照其功能由焚烧中心区、行政生活区、厨余垃圾处理区、污水处理区、炉渣暂存区等五部分组成。中央用地作为焚烧中心区，北侧用地布置行政生活区，东侧用地布置炉渣暂存区（作为垃圾炉渣暂时存放区域），西侧用地布置厨余垃圾厌氧处理区（集中设置厨余垃圾各处理设施），南侧用地布置污水处理区（集中设置全厂生产、生活污水的处理设施），并预留垃圾处理发展用地。厂址用地北侧、南侧均有排洪沟贯穿。

海淀再生能源发电厂深入山区丘陵绿化隔离带，总图规划在现有涵洞下新增涵洞，在厂区一侧形成一处集散广场，在此组织人流、物流路线，办公人员车辆往西进入厂前区，垃圾车等物流车辆往南经过地磅房后，进入生产区。使人流、物流进出基本达到功能分区明确，流线顺畅。厂内交通运输组织采用人、物分流的方式，所有物料运输均集中在工房的南面。生活垃圾直接沿高架桥进入垃圾卸料平台，避免两种流线的交叉。

总平面设计上，与周围环境相协调，体现"绿色、科技、人文"的时代特点，体现沉稳、庄重、美观的特色。

建筑方案设计

本项目位于北京市西郊，周边自然生态环境良好，人文旅游资源丰富。建筑方案从场地大环境着手，同时合理规划功能布局，充分利用现有地貌条件达到节能、节地的目的。

主工房功能布局上根据工艺生产的要求，按工艺流程分成垃圾卸料厅、垃圾坑、焚烧间、烟气净化间、汽机间等部分横向展开，造型以"炼·岩"的设计构思以含蓄的个性、简洁明快的立面造型让建筑融于环境，呈现出独特优美的地域性，给人以深刻的印象。

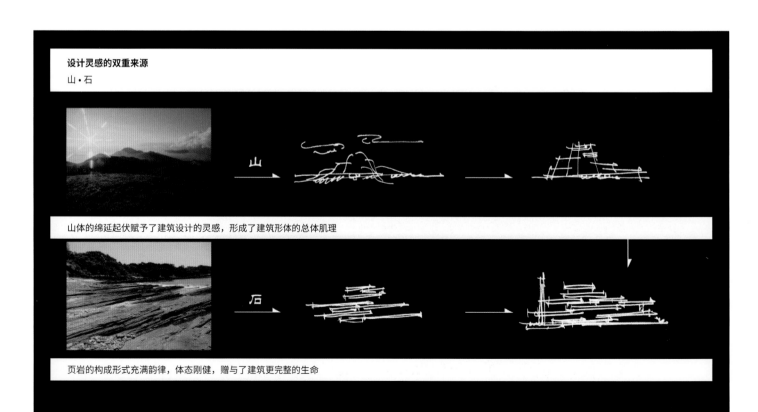

设计灵感的双重来源
山·石

山

山体的绵延起伏赋予了建筑设计的灵感，形成了建筑形体的总体肌理

石

页岩的构成形式充满韵律，体态刚健，赠与了建筑更完整的生命

造型构思。主工房充分考虑垃圾生产工艺的功能需要,以简洁、实用、高效进行建筑造型设计。设计灵感的双重来源:山与石,山体的绵延起伏赋予了建筑设计的灵感,形成了建筑形体的主体肌理,页岩的构成形式充满韵律,体态刚健,赠予了建筑更完整的生命,结合西端高耸挺拔的烟囱,形成丰富的天际轮廓线。体现工业建筑的韵律、简练和美感。

建筑色彩灵感来源:"缘于绿"。作为环保建筑,设计尊重山水大环境,还绿与林,不做过多材料色彩的结合,只用单纯的白灰迎合周围山林的四季变化,营造不同的景观。同时,建筑色彩结合中国民居的色彩典范,青山、绿水、白墙在质朴中透着清灵,而建筑整体布局根据功能、规模、地形灵活布置,极富有韵律感;"隐于山",大象无形,从无形到有形,化有形于无形,营造意境,是本设计追求的审美境界,我们隐于山。

立面色彩。主工房外墙主色调为大面积晨灰色复合彩钢板+银白色复合彩钢板装饰带+蓝灰色玻璃的铝合金门窗+亮白色铝板挑檐,使得外墙色彩大方稳重,简约内敛。焚烧工房和发电工房的下部采用深灰色仿石涂料外墙饰面层,与上部彩板外墙形成材质、肌理上的变化。

入口处理。参观流线入口处布在建筑南面。内部人员主入口位于北面,与行政办公区主入口遥相呼应,与厂前区室外景观互通连贯。

行政生活区。该部分位于焚烧工房北侧,场地位于一处地势较高的土坡上,包括:综合楼(301号建筑物)、门卫室及大门(302号建筑物),与主厂房有厂区道路和排洪沟相隔。此外,与生产区拉开一定距离。也便于形成厂前区绿化空间。综合楼高三层,局部二层,立面处理虚实结合,办公、科研楼一层实墙与二、三层落地玻璃窗形成对比。南立面主入口的落地玻璃门窗与外挑轻钢玻璃雨篷形成入口空间的处理手法,突出了主入口。

设计要点

海淀再生能源发电厂项目中的主厂房是一组具有现代生产技术设备的建筑群体,其体量和高度最能体现工业建筑的力量、节奏、美感,是设计构思中的核心建筑。

·主厂房造型设计遵从地域属性,在主体追求工业建筑属性的同时,追求"隐",在这里,"隐于山",非无个性,而是另一种别样的个性。在"炼·岩"造型下的主工房体量给人以由地面生长出来的感觉。同时将绿化引入综合楼屋面,在周边山林的包围中,显得十分低调

·在色彩上引入北京的主色调——灰色,仅用深灰和浅灰等颜色勾勒出建筑的层次,使其不至突兀,不破坏环境的整体性,使建筑具有内敛、典雅的精神气质。在满足垃圾焚烧发电厂使用功能前提下,尽量减少对环境的影响

·细节设计。考虑到整体环境和建筑的耐久性,进行了多种材质和色彩方案的比较,通过对主工房立面材质尺度、材质质感、材质纹理、材料的色彩调整,立面构造的细节进行优化设计

经过细化,建筑主体立面划分同高、不同的色带,用在较大面积的墙身上,在强调主体横向大挑檐同时,确定不同的色彩搭配方案。既强化了原本的建筑概念又使立面变得完整统一。立面材料色彩及板材的分割,凸显原本页岩体的方案设计概念,对色彩单元内不同高度的横向线条的把握控制,让大体量的建筑本身拥有了丰富的层次感。

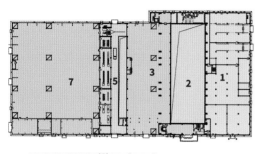

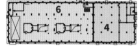

底层平面图

1. 主厂房辅助车间　　5. 除渣间与电气楼
2. 垃圾坑　　　　　　6. 汽机间
3. 锅炉焚烧间　　　　7. 尾气处理间
4. 集中控制楼部分

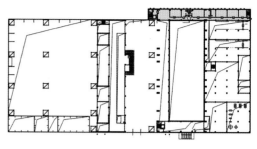

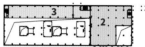

3.5 米 /4.5 米层平面图

1. 检修人员办公区
2. 集中控制楼电缆夹层
3. 汽机间夹层

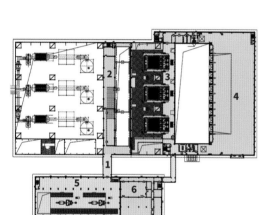

8.0 米层平面图

1. 连廊　　　　　　　4. 垃圾卸料大厅
2. 除渣间与电气楼　　5. 汽机间运转层
3. 锅炉焚烧间　　　　6. 集中控制楼部分

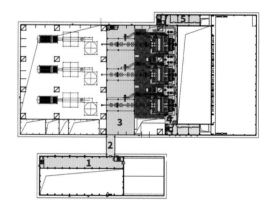

14.0 米层平面图

1. 汽机间　　　　　　4. 锅炉焚烧间
2. 连廊　　　　　　　5. 检修间
3. 炉后操作平台

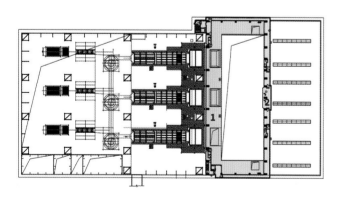

24.5 米层平面图

1. 垃圾给料平台
2. 垃圾抓手吊控制层

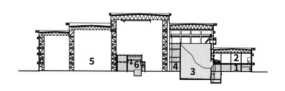

剖面图

1. 辅助车间　　　　　4. 锅炉间
2. 垃圾卸料平台　　　5. 尾气处理间
3. 垃圾坑　　　　　　6. 除渣间与电气楼

北京市通州区再生能源发电厂项目（2250 吨／天）

地点：北京市通州区

建设方：北京绿色动力环保有限公司

设计院：中国核电工程有限公司深圳设计院

项目负责人：刘永鹏

工艺负责人：程明川、甘喜生、黎雄、王妍

建筑方案创作团队：深圳汤桦建筑设计事务所有限公司

完工时间：2018 年 8 月

占地面积：196,935 平方米

总建筑面积：62,529 平方米

主要材料：金属格栅板、金属彩钢板、花岗岩石材、仿石涂料、压型钢板、垂直绿化等

工程造价：123,953 万元

焚烧炉厂家：三菱重工

烟气净化工艺：SNCR+ 半干法 + 干法 + 活性炭吸附 + 袋式除尘器 +SCR

项目背景

北京市通州区再生能源发电厂是为解决北京市城市生活垃圾处理日益增长的需求的重大民生工程。本项目的建设是实现《北京市"十二五"时期生活垃圾处理设施建设规划》的重大举措，不仅节约了土地资源，杜绝原生垃圾填埋产生的污水、废气等二次污染，改善了人居环境质量，还将提升通州区原有生活垃圾处理设施水平，进一步实现了城市生活垃圾的集中处理，处理设施标准化、规范化，处理技术先进、管理水平科学的目标。

设计挑战

本项目所处地区抗震设防烈度为8度，垃圾池长度为101.2米，结构抗震复杂且厂房总长度及宽度超过规范规定的伸缩缝最大间距。

为了保证垃圾池的结构强度，结构专业在1号、2号炉之间，2号、3号炉之间分别设置了一道剪力墙，给工艺管道的布置增加了

难度。烟气净化间8.00米层设置了参观走道，引风机出口去烟囱的烟道布置也成了一个难题。

项目主要特色

本项目充分考虑自身与地块周边城市规划的关系，外形简洁明了，整体感强。

参观流线的设计既体现了现代环保企业的开放性，又为城市提供了一处重要的科普教育基地。参观流线开始于厂前广场，由南侧进入主厂房后，观众先参观设在底层的展示厅，再到位于8米标高的廊桥参观整个生产过程，最后来到烟囱底部后，可以乘坐观光电梯登高远望，一览周围生态公园的自然美景和通州新区的城市景观。

1. 主厂房
2. 综合楼
3. 景观水池
4. 雨水收集池
5. 循环水泵房及冷却塔
6. 升压站
7. 清水泵房及清水池
8. 污水处理站
9. 渗沥液处理站
10. 制砖厂房
11. 灰渣综合利用（堆场）（码垛场）
12. 不可利用灰渣填埋场（属堆场）

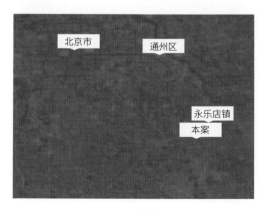

区位图

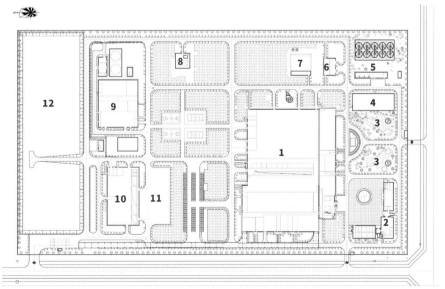

总平面图

总平面布局

总平面规划依据工艺合理、管线顺畅、运输便捷、净污分明、合理利用地形等原则进行布置。

根据生产工艺流程和功能的要求,本项目分为垃圾焚烧发电区、厂前生活区、灰渣综合利用区(制砖厂)及不可利用灰渣填埋场四个功能区。

根据厂址周围情况、自然条件及生产工艺流程等因素,主厂房定位采取垃圾卸料大厅在西面,烟囱在东面的方位,汽机间朝南与厂前生活区相对,其他子项按生产流程要求、生活需要及管理方便定位。其他辅助项目围绕主厂房四周布置。

厂区竖向布置结合场地整平及工艺流程要求,确定垃圾卸料大厅与主厂房地坪标高采取错层的办法,以减少垃圾坑的开挖量。

建筑方案设计

本项目选址位于规划建设中的城市生态公园中心,绿野环抱。而厂区内的主体厂房体量较为庞大,其平面尺寸达到面宽183米,进深138米,高度接近50米,烟囱高约100米,尺度和体量使得主体厂房必然成为高耸于树冠之巅的标志性建筑。

主体厂房的高大建筑空间体量是生产工艺的必需条件,设计采

用化整为零的策略将厂房的单一建筑体量进行解构,使其表现为数个中小体量的组合体;然后将每个体量进行旋转和扭动,以增强其独立性和律动感;再选用最具识别性的红黄蓝绿四个色系和黑白灰色调涂饰每个体量,使整个建筑群看起来生动、活泼,富于动感。结合综合楼办公室和宿舍两部分的功能需求,设计上采用传统建筑的四合院布局方式,将两部分功能组织在两个套叠的围合院落中,院落底层部分架空,将绿色植物和阳光风雨引入建筑内部,实现"绿色建筑"的相关要求。

外观设计方案以极具现代艺术气息的外观来展示项目形象,如同森林中的雕塑和艺术品,同时也是生态公园中的一个具有绿色和环保价值的建筑学展品。这一极具现代感和韵律感的建筑

群组合体,成为"森林中的雕塑",抽象的造型可以被不同的人群进行解读。

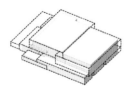 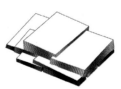 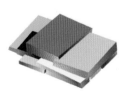   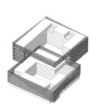

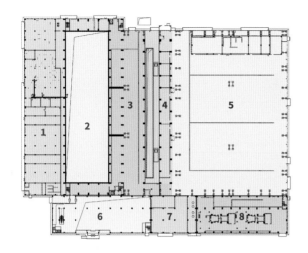

底层平面图

1. 主厂房辅助车间   5. 尾气处理间
2. 垃圾坑   6. 集中控制楼门厅
3. 锅炉焚烧间   7. 集中控制楼配电间
4. 除渣间与电气楼   8. 汽机间

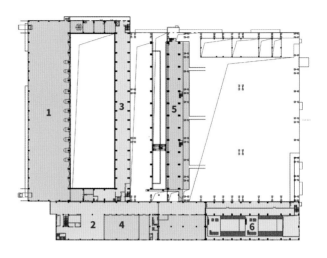

8.0 米层平面图

1. 垃圾卸料平台   5. 电气楼设备平台
2. 集中控制楼参观通道部分   6. 汽机间
3. 锅炉焚烧间
4. 中央控制室与设备间

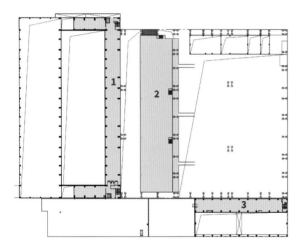

13.5 米 /15.0 米层平面图

1. 锅炉焚烧间
2. 炉后操作台
3. 除氧间

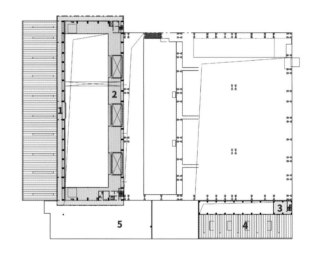

24.6 米层平面图

1. 垃圾抓手吊控制层   4. 汽机间屋面
2. 垃圾给料平台   5. 集中控制楼屋面
3. 除氧间配套平台

主立面图

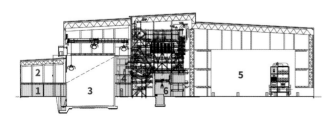

剖面图

1. 辅助车间   4. 锅炉间
2. 垃圾卸料平台   5. 尾气处理间
3. 垃圾坑   6. 除渣间和电气楼

临淄生活垃圾焚烧发电项目（2000 吨 / 天）

项目地点：山东省淄博市

建设方：淄博绿能新能源有限公司(锦江环境)

设计院：中国联合工程有限公司

项目负责人：沈林华

工艺负责人：王海东、蒋超群、王纯、蒋向东、李海林、陈立欣

建筑负责人：桑晟

结构负责人：翁来峰

建筑方案创作团队：杭州中联筑境建筑设计有限公司 / 王大鹏、张潇羽

完工时间：2018 年 7 月

占地面积：118,162 平方米

总建筑面积：88,818.9 平方米

主要材料：穿孔铝板、改性钢板、金属防砂板、压型钢板等

工程造价：118,891 万元

焚烧炉厂家：芬兰 Valmet

烟气净化工艺：SNCR+ 半干法 + 干法 + 活性炭吸附 + 袋式除尘器

项目背景

为更好地适应新形势下城乡环卫发展的需求,促进淄博市城乡社会、经济、环境和谐发展,实现生态文明城市、新型城镇化建设的目标,满足人们日益提高的生活质量的需求,淄博市拟建设"一南一北"两个垃圾处理厂。

临淄生活垃圾焚烧发电项目为规划北部电厂,主要承担处理张店区、临淄区、高新区、桓台县、高青县的生活垃圾,日处理规模为2000吨,以彻底解决淄博市的垃圾处理问题,实现垃圾的无害化、减量化和资源化,为淄博市重点项目,由杭州锦江集团投资建设。项目选址于临淄区敬仲镇李家村西南一个砖瓦厂废弃土坑内。

设计挑战

项目采用目前欧洲最先进的MBT(生物干化+机械分选)燃料化技术,通过初步破碎、一级除铁、生物通风干化、垃圾分选(包括筛分、风力分选、磁选、涡流分选等)、细破等工艺流程,去除惰性物料(玻璃、陶瓷、砖块、石块等)、可磁金属、不可磁有色金属等物料,制成RDF(垃圾衍生燃料),含水率由55%降低至25%~30%,垃圾热值由1300千卡/千克提升至2500~3000千卡/千克,可以减少40%的终端入炉焚烧量和污染物排放量,实现了生活垃圾末端焚烧的减少量,提高了垃圾热值和均质化、燃烧的稳定化,降低了二噁英生成量和飞灰产生量,成功破解了目前我国生活垃圾混合收集+直接焚烧的现状,为进一步提升我国生活垃圾焚烧发电技术水平做出了重要贡献。

本工程首次提出采用7.9兆帕、520摄氏度的纯烧生活垃圾的循环流化床生活垃圾焚烧炉,该参数为目前国际最高的生活垃圾焚烧炉参数。为实现"邻利效应",根据项目地理位置、周边环境、厂址地形和工艺路线,最终确定维持基本地形不变,在原有砖瓦厂废弃土坑内进行建设,办公楼采用高低落差设计,主厂房外立面采用齐鲁文化和麦田的方案,与周边金色麦田生态农场相呼应。

项目主要特色

办公楼采用下沉式设计手法,不仅解决了高低落差地形问题和交通问题,更采用叠层设计,增加更多的有效使用空间。前厅高挑的单层设计,让参观者不会有压抑的感觉。

为减少厂区雨水排放的压力,屋顶雨水通过重力流排到场外,并引入厂前广场的水池内,完成雨水收集以及再利用,充分体现了资源再循环利用的前瞻理念。

为增加厂区绿化率,营造内庭景观效果,办公楼屋面设置了生态屋顶绿化,与宿舍楼前的景观小筑遥相呼应,别具风味。

1. 主厂房　　　6. 综合水泵房
2. 飞灰固化车间　7. 工业消防水池
3. 办公楼　　　8. 渗沥液处理站
4. 宿舍及食堂　　9. 灰渣填埋场
5. 冷却塔

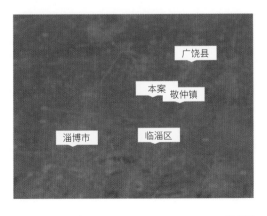

区位图

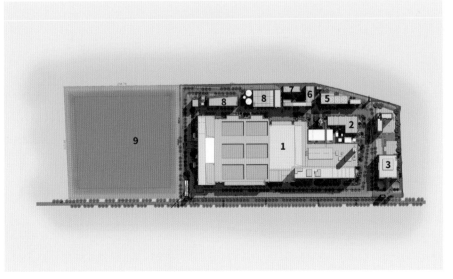

总平面图

总平面布局

建筑场区由于人为取土制砖,形成了大面积、地势起伏较大的不连续坑体,拟建区域标高最大值24.32米,相对标高最小值7.10米,地表相对高差18.22米。为节约造价,并打造独特的周边环境,总平面竖向布置以原有基地标高为基准,办公楼采用高低落差设计,营造了独特的效果。根据周边环境、交通条件等综合因素,采用办公区和生产区分区设计的原则,人流通道由南侧广场进入,物流通道由北侧进入,功能分区清晰。主厂房主立面位于西侧,临近主要交通要道;其余辅助生产区域位于东侧,隐蔽于地形之内。

建筑方案设计

本项目位于齐鲁文化发源地,周边为麦田,不仅孕育丰富的人文特色,加之从场地和周围环境入手,以"齐鲁文化、生态农场、金色麦田"为设计理念,采用下沉式设计方案,呈现独特文化与自然相和谐的底蕴。为营造参观大厅的宏伟气势,采用博物馆门厅形式,大尺度外挑屋面和玻璃幕墙结构,给人眼前一亮的震撼之感。

项目厂址原状

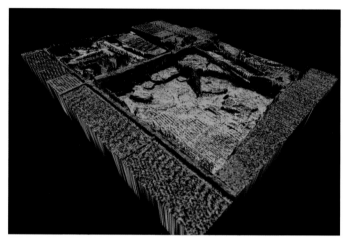

无人机地形航测图

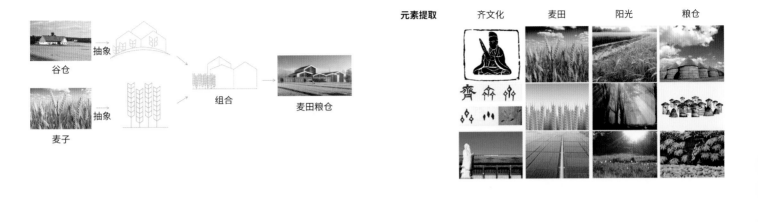

谷仓 抽象 → 组合 → 麦田粮仓

麦子 抽象 →

元素提取   齐文化   麦田   阳光   粮仓

隶书 篆书 金文 → 演化 → 抽象 → 生成

立面构成

场地区域本是一望无际的麦田。

有一天这里造起了一座烧砖厂，土地被渐渐破坏。

如今，在一望无际的麦田中留下了一块 10 米深的"疤痕"。

未来希望在这块地中重新"种上"麦子，将"疤痕治愈"。

设计要点

本项目受场地限制,设计为联合体工业厂房,集合垃圾卸料平台、原生垃圾库、垃圾预破碎车间、生物干化车间、机械分选车间、成品垃圾库、给料库、焚烧锅炉间、尾气处理间、汽机间、集控室、配电间等于一体,内设贯通式的参观通道。厂房高低不平,主立面下部采用麦穗的幕墙结构造型,上部采用粮仓的结构造型,北侧侧面附加以齐鲁文化墙,整体打造和谐、生动、丰富的气息,充分体现了设计理念。

为节约用地,烟囱位于厂房内部,使得厂区整体性更强,烟囱顶部微型粮仓的造型,与主厂房屋面相谐辉映,使之更加生动活泼。

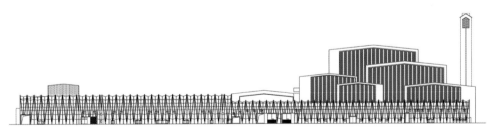

主立面图

1. 辅助车间
2. 垃圾卸料平台
3. 垃圾坑
4. 锅炉间
5. 尾气处理间

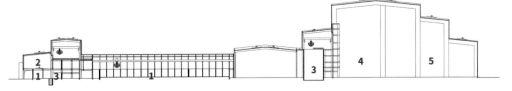

剖面图

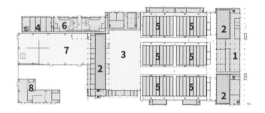

底层平面图

1. 主厂房辅助车间
2. 垃圾坑
3. 锅炉焚烧间
4. 集控楼部分
5. 垃圾干化仓
6. 汽机间
7. 尾气处理间
8. 飞灰处理间

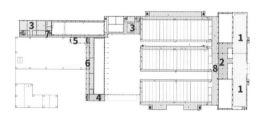

5.5 米 /7.0 米 /8.0 米层平面图

1. 垃圾卸料平台
2. 抓斗检修区
3. 中央控制室及办公区
4. 斗提机设备平台
5. 除氧设备平台
6. 锅炉平台及辅助用房
7. 参观走廊
8. 辅助功能区

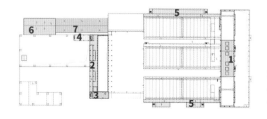

12.0 米 /13.0 米 /14.5 米层平面图

1. 垃圾受料平台
2. 锅炉平台及辅助用房
3. 斗提机设备平台
4. 除氧设备平台
5. 辅助功能区
6. 集控楼屋面
7. 汽机间屋面

无锡市锡东生活垃圾焚烧发电厂项目（2000吨/天）

地点：江苏省无锡市

建设方：中国恩菲工程技术有限公司

设计院：中国恩菲工程技术有限公司

项目负责人：赵倩、刘超

工艺负责人：黎小保、成斌

建筑负责人：谢洁

结构负责人：李晔东、孙亚民

建筑方案创作团队：中国恩菲 / 赵倩、谢洁

完工时间：2017年8月

占地面积：166,700平方米

总建筑面积：约46,046平方米

主要材料：金属板、玻璃幕墙、涂料

工程造价：140,780万元

焚烧炉厂家：日立造船

烟气净化工艺：SNCR+ 半干法 + 干法 + 活性炭吸附 + 袋式除尘器

项目背景

随着近年来无锡市经济的发展和人民生活水平的提高,城市化进程不断加快,城市垃圾产生量越来越大,带来的环境污染越来越严重。无锡市现有生活垃圾产量可达日均4000吨/天,而现有处理设施落后,处理能力不足,大量的生活垃圾亟待处理。市区生活垃圾无害化处理厂有三个,益多环保热电有限公司、惠联垃圾热电有限公司和桃花山生活垃圾填埋场,日均无害化处理生活垃圾2500吨。益多环保热电位于无锡国家高新技术产业园区(新区),属太湖一级保护区,无锡市的上风向。为实施无锡市《"6699"行动决定》,保护太湖水源和改善无锡市的大气质量,2009年在市政府主导下由国联集团收购益多环保热电,并把本工程作为益多的迁移扩建项目。待本工程投产,益多厂拆除,场地另作他用。而桃花山生活垃圾填埋场因达到设计容量。因此本项目最终建成投产可以极大地缓解无锡市生活垃圾无害化处理的困境。项目选址于无锡市锡山区东港镇黄土塘村。

设计挑战

无锡市锡东生活垃圾焚烧发电厂BOT项目,于2009年8月24日开工建设,原计划2011年6月底完成调试。2011年4月因群体性事件,直到2016年12月正式启动复工建设,2017年8月投产试运行。项目建设周期长,在此期间,涉及部分标准的更新升级,为了确保项目复工后顺利投产、稳定可靠运行,本项目从建设前期到复工启动的设计建设是以最高标准、最好设备、最严管理为指导,运用现代化成熟的垃圾焚烧技术,采用先进的技术装备,做到环保优先、节能减排,对烟气处理、渗沥液处理、飞灰处理、景观绿化等方面进行提标改造。无锡市锡东生活垃圾焚烧发电厂在国内目前已建成的垃圾焚烧发电厂中,无论技术,或是装备,均处于国内领先水平。

1. 主厂房　　6. 冷却塔
2. 综合楼　　7. 综合水泵房
3. 景观绿化　8. 渗沥液处理站
4. 升压站　　9. 飞灰稳定化车间
5. 循环水泵塔　10. 二期预留用地

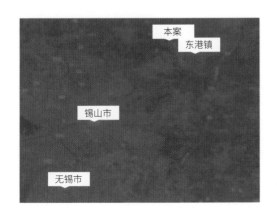

区位图

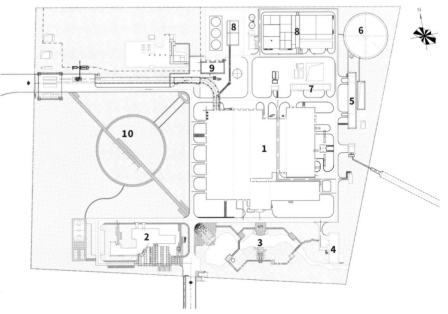

总平面图

总平面布局

项目所在地位于江南水乡的田野当中,地势平坦,小河水塘散落其间。厂前区位于基地的南侧,中部为一期主厂房及预留二期用地,北侧为渗沥液处理站等相关辅助用房。

厂区路网主要为两横两纵。南侧入口为主入口,主要为人员和办公车辆出入。物流入口位于西北侧,主要是垃圾车、灰渣车等运输车辆出入。道路围绕主厂房形成环线。

厂区内分区明确,洁净区和污物区分离,交通流线顺畅,用地紧凑,布局合理。

建筑方案设计

本项目周围被农田、河道、田野围绕,自然环境良好。设计立意突出"环保、绿色、和谐"。主厂房建筑设计体块明确,造型简洁。主控楼正立面的玻璃幕墙和26米标高的通往垃圾吊控制室的外挑环廊成为建筑的视觉焦点,其体现的近人尺度,也使主厂房展现出柔和的态度。整个厂房立面采用轻盈的自然色调,由下至上色彩由深至浅,色彩交叠,上部融入天空。

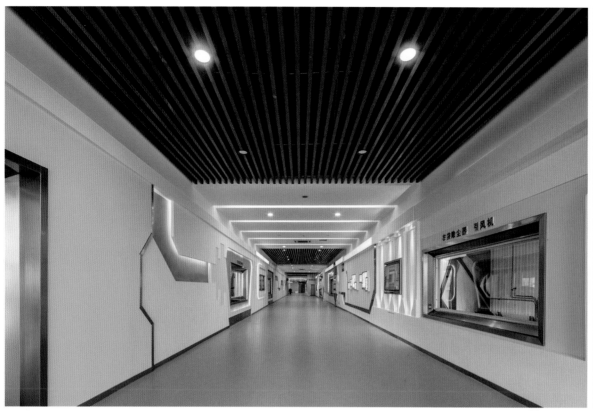

整个厂区不仅是生产厂,还是环保宣传的教育基地。主厂房内部从首层门厅开始,经过开敞大台阶,上至7米主要参观通道,整个空间宽敞、简洁、舒适。利用模型、展板、多媒体及实施录像和数据,向游客展现了垃圾环保产业的特点、前景、对社会的贡献和企业肩负的社会责任。

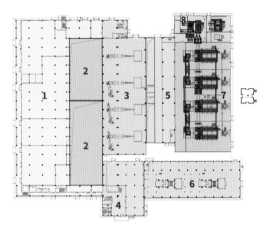

底层平面图

1. 主厂房辅助车间
2. 垃圾坑
3. 锅炉焚烧间
4. 集控楼部分
5. 除渣间与电气楼
6. 汽机间
7. 尾气处理间
8. 飞灰处理间

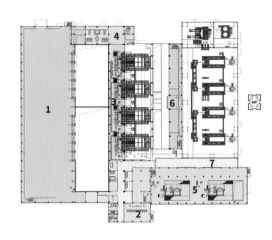

7.0 米层平面图

1. 垃圾卸料平台
2. 中央控制室
3. 锅炉焚烧间
4. 检修人员办公区
5. 汽机间
6. 电气楼
7. 参观区域

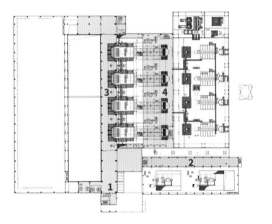

15.2 米层平面图

1. 办公楼区域
2. 除氧间
3. 锅炉焚烧间
4. 设备平台

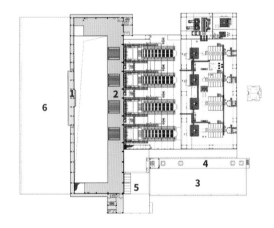

25.5 米层平面图

1. 垃圾吊控制室
2. 垃圾给料平台
3. 汽机间屋面
4. 除氧间屋面
5. 办公楼屋面
6. 卸料平台屋面

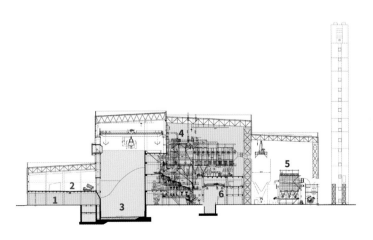

剖面图

1. 辅助车间
2. 垃圾卸料平台
3. 垃圾坑
4. 锅炉间
5. 尾气处理间
6. 除渣间和电气楼

常州市生活垃圾焚烧发电环保提标改造项目（800 吨 / 天）

地点：江苏省常州市

建设方：光大环保能源（常州）有限公司

设计院：光大生态环境设计研究院有限公司

项目负责人：陈阳

工艺负责人：芮金花

建筑负责人：陆波

结构负责人：王雷

建筑方案创作团队：光大生态环境设计研究院有限公司陆波

完工时间：2020 年 2 月（计划）

占地面积：50,000 平方米

主要材料：玻璃、铝板、压型钢板等多种材料

工程造价：68,128 万元

焚烧炉厂家：西格斯

烟气净化工艺：SNCR+ 半干法 + 干法 + 活性炭吸附 + 袋式除尘器 +SCR+ 湿法 +GGH+ 烟气脱白

项目背景

这是我国第一个建在城市中心的垃圾焚烧发电项目,2008年11月20日投运至今已高质量运行了十多年的时间,得到了市政府和民众的高度认同和赞赏,累计接待了超过6.8万人次的参观考察和交流,项目已经成为光大国际一张靓丽的名片,也是常州市城市管理一张特色名片。根据国家生态文明建设的时代要求,结合技术创新和行业发展,以及环境部、住建部等正在推进的环保设施向公众开放活动,光大国际愿意与常州市政府深度合作,针对常州项目实施"超低排放与全面开放"的双提升工程(简称提标改造工程),让此项目继作为中国第一个建在居民社区里的垃圾发电厂之后,继续发挥行业引领作用:提升成为江苏省第一个实现超低排放的垃圾发电厂,中国第一个没有围墙的垃圾发电厂,中国第一个建有便民惠民设施的垃圾发电厂,成为中国环保设施向公众开放典型中的典型,经典中的经典。本项目被列入2019年环保能源重点工作,也纳入2019年常州市经开区重点项目名录,并按照"重大项目攻坚年"活动意见,列为"9.28"第三次重大项目集中开工的项目之一。

设计挑战

本次"全面开放"提升工程要求2020年2月28日前完成,需要拆除原有围墙,除生产区、办公楼、宿舍楼外,厂前区域完全对公众开放;厂前区新建环保科普馆(含科普教育厅、小型咖啡厅及图书馆、生态厕所)等惠民设施,结合市民参观、休闲、娱乐及环保科普、公共配套等理念,打造市民公园。本次烟气超低排放提升改造工程,烟气净化处理新增"SGH+SCR+ GGH+湿法脱酸+脱白SGH"工艺,提标改造实施后,垃圾焚烧烟气可达到超低排放要求。

项目主要特色

现有厂房部分外立面进行翻新,正立面外凸门厅、汽机间外墙采用灰白色干挂幕墙系统,建筑整体色调清新、活泼,削弱了高大工业建筑的厚重感,使建筑与人更亲近,突出了以人为本的设计理念。环保科普馆采用简洁的椭圆形与方形体块组合,充分体现建筑的清新淡然,并与改造后的主厂房整体风格相协调,表现节能、环保的理念。外墙通过深灰色玻璃幕墙、灰白色铝板组合,强调体块组合、穿插以及水平线条,彰显淡然、舒展之感;建筑主立面面向厂外市政道路,透过弧形落地窗对厂外沿街景色和整个厂前景观水面一览无余,做到人与环境的相互沟通,使普通市民和参观人员在参观之后可以享有自然优美的休闲环境和舒适安静的休息环境。

(生产区)
1. 主厂房
2. 主厂房烟气改造扩建
3. 综合水泵房
4. 冷却塔
5. 污水处理站

(公众开放区)
6. 综合楼
7. 环保科普馆
8. 景观水池

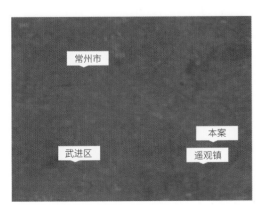

区位图

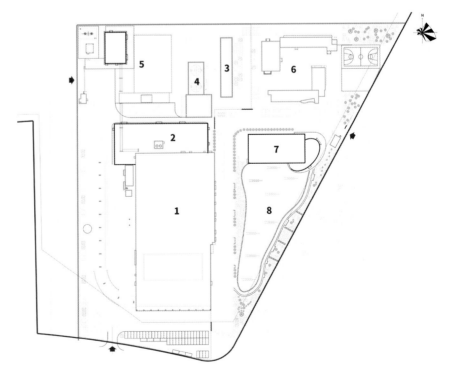

总平面图

总平面布局

原厂总平面布置主要分为三个区域：主生产区、辅助生产区和办公区。主生产区由主厂房、烟囱和上料坡道组成，位于厂区中央及南部。主厂房主立面朝东，工艺流程由南向北依次布置。烟囱布置于主厂房北侧，上料坡道布置于主厂房西侧，与主厂房南部卸料平台衔接。辅助生产区由综合水泵房、冷却塔、污水处理站等组成，位于厂区西北部。由东向西依次为综合水泵房、冷却塔及污水处理站。办公区由办公楼、食堂和倒班宿舍组成，位于厂区东北部。主厂房东部布置厂区绿化，由水景和建筑小品组成，与办公区绿化相结合，形成厂区的整体绿化，为员工提供良好的工作环境。厂区共设置两个出入口。厂区东侧即办公区东南侧为办公人员出入口，厂区西北角为垃圾车出入口，主要为垃圾运输及其他运输车辆专门出入口。

建筑方案设计

本次提标改造项目新建建、构筑物有：环保科普馆（含展览馆、图书馆、咖啡厅、生态厕所等）、洗烟废水处理间、油库油泵房。原有建筑改扩建有：主厂房烟气净化部分改扩建。

现有主厂房、烟囱作为全厂的核心标志性建筑物，立面采用弧形造型设计，充分考虑垃圾生产工艺的功能需要，以简洁、实用、高效的形象，体现工业建筑的韵律、简练和美感，本次扩建部分在造型设计上与现有厂房保持一致，在建筑材料的选用上采用性能优良的节能、环保型建材。

扩建部分厂房的体型设计上，严格根据工艺专业提出的功能要求，做到形式追随功能，从而使空间得到最合理的利用。并考虑现有主厂房外形和比例尺度，使整个建筑造型高低错落有致，造型保持一致。

环保科普馆的外立面设计围绕着"通透"二字展开，整个主体建筑从外观上看就是一个方形+椭圆形交织的通透的玻璃体，与主厂房形成"一重一轻、一实一虚"，既突出了主厂房外形上的厚重感，又通过玻璃对光线的反射折射效果带来视觉上的冲击，达到了相辅相成、各有亮点的效果；结合水面、绿化、园林景观，使整个厂前区形成和谐共生的自然景观。

设计要点

项目位于居民区中，主厂房、倒班宿舍楼与渗沥液处理站等为多层工业厂房，体量简约，建筑外立面通过颜色和建筑形体处理，外立面改造以金属板+玻璃的现代工业风为主基调，主厂房采用大面积灰色彩钢板外墙、竖条形的玻璃窗，高耸的烟囱也通过采用灰色和白色穿孔金属板装饰，有效降低视觉上的突兀感，形成丰富的天际轮廓线，建筑整体色调简洁清新。其设计创作主要围绕下列几点展开：

· 与主厂房形成"一重一轻、一实一虚"，即突出了主厂房外形上的厚重感，又通过玻璃对光线的反射折射效果带来视觉上的冲击，达到了相辅相成、各有亮点的效果

· 建筑功能性强、流线清晰，最大限度地体现了建筑的经济性和效率性

· 结合水面、绿化、园林景观，使整个厂前区形成获得和谐共生的自然景观

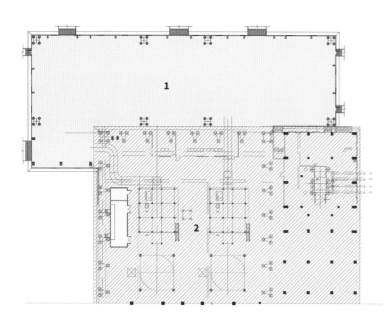

底层平面图

1. 扩建尾气处理车间
2. 原有建筑

许昌垃圾焚烧发电（许昌天健易地改建）项目（2250 吨 / 天）

地点：河南省许昌市

建设方：许昌旺能环保能源有限公司

设计院：中国联合工程有限公司

项目负责人：明嵬

工艺负责人：王海东、夏积恩、王益嗣、马琳、李海林

建筑负责人：郭雅狄

结构负责人：高东伟

建筑方案创作团队：杭州中联筑境建筑设计有限公司 / 王大鹏、张潇羽

完工时间：2019 年 6 月

占地面积：135,500 平方米

总建筑面积：53,950 平方米

主要材料：陶土板幕墙、玻璃幕墙、仿石涂料、压型钢板、铝单板、铝镁锰板

工程造价：105,406 万元

焚烧炉厂家：重庆三峰

烟气净化工艺：SNCR+ 半干法 + 干法 + 活性炭吸附 + 袋式除尘器

项目背景

随着许昌市城市化进程的加快,城市生活垃圾产量不断增加,许昌生活垃圾焚烧发电厂(天健热电有限公司)的垃圾处理能力无法满足要求,许昌市的城市生活垃圾成为日益严峻和亟待解决的民生问题;且根据《许昌市城市总体规划(2012—2030年)》中的主城区土地利用规划图,许昌生活垃圾焚烧发电厂现有厂址位于主城区规划范围内,已规划为商业用地、体育用地、文化设施用地。因此,需要对许昌生活垃圾焚烧发电厂进行搬迁且扩容,重新建设一座满足处理容量和规划要求的垃圾焚烧发电厂势在必行。

1. 主厂房　　　5. 综合水泵房
2. 膜处理车间　6. 宿舍及食堂
3. 工业消防水池　7. 预留用地
4. 冷却塔

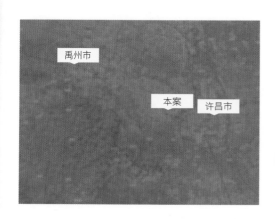

区位图

总平面图

总平面布局

根据全厂总体规划、厂外物流及人流来向，同时结合厂区地形、厂外道路衔接、气象条件、垃圾焚烧电站的功能要求、地块形状等因素，总平面布置将垃圾焚烧电厂厂区分为4个功能区，分别为主厂房区、水处理区、辅助生产区、行政管理区，详细布置如下：

主厂房区。该区包括主厂房、烟囱。主厂房区是垃圾焚烧发电厂的核心，布置在与其他分区都能密切衔接的中部区域，扩建端在东边，主厂房内卸料平台、垃圾池、锅炉房、烟气处理间、烟囱由北往南依次布置。同时，考虑到厂区景观，将主厂房汽机间朝向厂区西侧布置。

水处理区。该区包括综合水泵房、冷却塔、工业及消防水池、净水站、渗沥液处理站。拟将该区布置在主厂房的西南侧。综合水泵房及冷却塔布置在汽机间西南侧，可缩短循环水管等大管径的管线，节约建设及运营成本。渗沥液处理站布置在主厂房西南侧，临近垃圾坑。该区域离行政区较远，防止恶臭交叉污染。

辅助生产区。该区主要包括点火油库、临时停车场、高架桥、地磅、地磅房及门卫等。点火油库布置在垃圾渗沥液处理站东侧，高架桥布置在主厂房南侧，衔接厂区道路进入卸料平台；地磅及地磅房布置在厂区东南角，靠近物流出入口。

行政管理区。包括员工宿舍、食堂及运动场地，布置在厂区西南角，处于厂区全年最小风频上风向，同时靠近厂外道路，便于人员进出。

建筑方案设计

许昌历史文化源远流长。许昌远古时称为许地，西周时为许国，秦朝时置许县，直到曹操父子迎汉献帝刘协迁都许昌，使许昌成为当时中国北方的政治、经济和文化中心。因此许昌有着厚重的文化积淀，其中三国东汉末年时期的文化影响最大。本项目主厂房是全厂的核心建筑，提取了许昌厚重的历史文化沉淀，引入汉代的高台建筑和宫殿建筑，经过抽象、重组后生成。同时也充分考虑垃圾生产工艺的功能需要，以高台的形象，体现了许昌宫殿式建筑层次、庄重、威严的艺术效果。建筑造型设计既符合实际功能要求，又突出自己的特点并且结合当地历史人文景观，营造了新时代的工业建筑风格，体现了许昌市的历史文化底蕴。

灵感来源——宫殿建筑

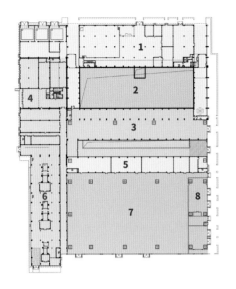

底层平面图

1. 主厂房辅助车间
2. 垃圾坑
3. 锅炉焚烧间
4. 集控楼部分
5. 除渣间与电气楼
6. 汽机间
7. 尾气处理间
8. 飞灰处理间

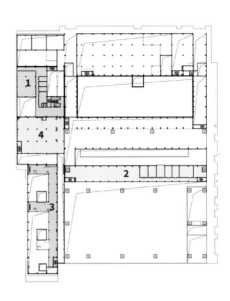

4.0 米层平面图

1. 检修人员办公区
2. 取样间区域
3. 汽机间夹层
4. 电气楼 5.0 米层部分

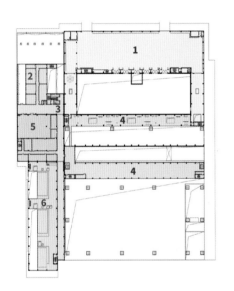

8.0 米层平面图

1. 垃圾卸料平台
2. 生产办公区域
3. 参观区域
4. 锅炉焚烧间
5. 中央控制楼
6. 汽机间

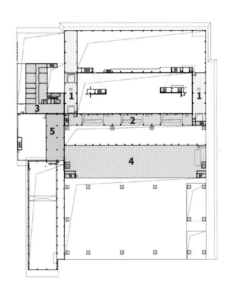

14.5 米层平面图

1. 辅助房间
2. 锅炉焚烧间
3. 行政楼办公区域
4. 平台
5. 除氧间

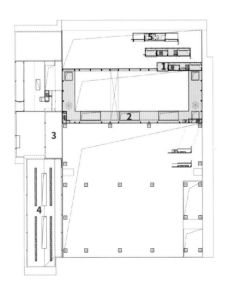

27.0 米层平面图

1. 垃圾吊控制室
2. 垃圾给料平台
3. 除氧间屋面
4. 汽机间屋面
5. 辅助房间

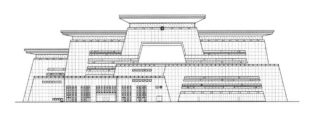

主立面图

剖面图

1. 辅助车间
2. 垃圾卸料平台
3. 垃圾坑
4. 锅炉间
5. 尾气处理间
6. 除渣间与电气楼

沈阳市大辛生活垃圾焚烧发电项目（3000 吨／天）

地点：辽宁省沈阳市

建设方：光大绿环环保能源（沈阳）有限公司

设计院：中国航空规划设计研究总院有限公司

项目负责人：陈晓峰、刘达

工艺负责人：李珂、赵亮亮、赵瑞霞、于颢

建筑负责人：卞振宇

结构负责人：高宗瑞

建筑方案创作团队：中国航空规划设计研究总院有限公司

完工时间：2019 年 12 月（计划）

占地面积：115,000 平方米

主要材料：建筑彩板（铝镁锰板岩棉复合板）幕墙＋玻璃幕墙（立面），470 型 360°直立锁边彩钢板＋可滑动支座（屋面）

工程造价：约 14 亿元

焚烧炉厂家：光大环保设备制造（常州）有限公司

烟气净化工艺：SNCR+ 半干法＋干法＋活性炭吸附＋袋式除尘器

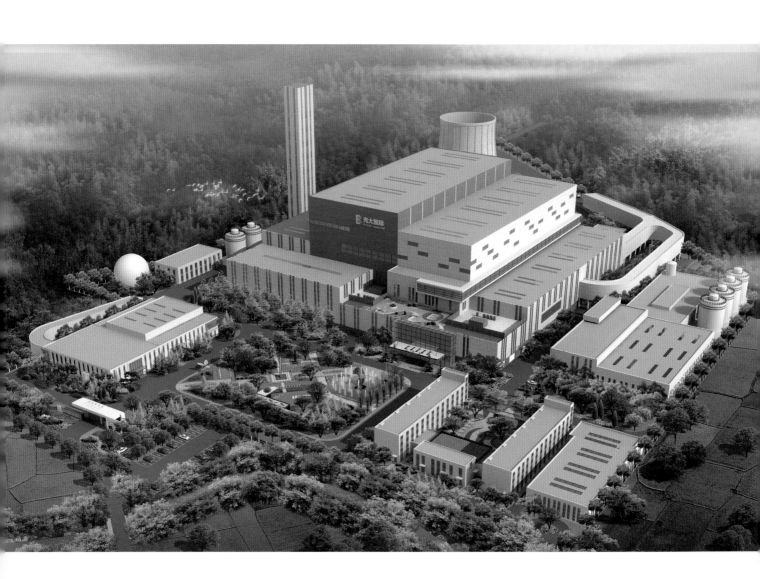

项目背景

沈阳市大辛生活垃圾焚烧发电项目是为解决沈阳市城市生活垃圾处理日益增长的需求,实现生活垃圾处理的无害化、减量化、资源化,进一步改善生态环境而建设的重大民生工程。项目的建设不但可以大幅度减少沈阳市生活垃圾的填埋量,还可以焚烧发电、变废为宝、实现生活垃圾的资源化处理,同时还能有效改善城市环境、减少恶臭污染、提升生活垃圾的处理水平,真正实现城市生活垃圾处理的"三化"目标。

本项目是辽宁省、沈阳市重大民生工程,位于沈阳市大辛生活垃圾处理场北侧,沈北新区财落镇大辛村与郎士屯村交汇处,距市中心约30千米。

设计挑战

本项目选址位于原填埋场北侧,地势低洼,地形复杂,建设规模属于特大类,系统性、综合性强,设计难度大,技术创新点多,针对沈阳处于严寒地区专门设计了厂房保温及垃圾仓加热提温技术,选用溴化锂热泵机组,暖风机通风加热提高垃圾仓温度。

1. 主厂房
2. 渗沥液处理站
3. 飞灰暂存间
4. 综合水泵房
5. 冷却塔
6. 宿舍楼及食堂
7. 景观绿化

区位图

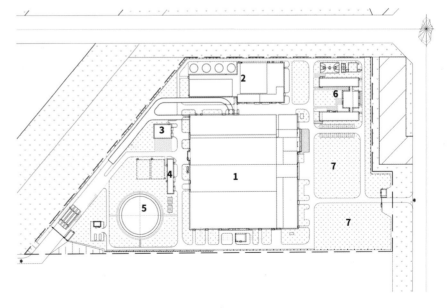

总平面图

设计理念

针对沈阳是当今东北亚地区著名的科技、商贸、金融中心,承载着千余年历史的国家历史文化名城的文化沉淀,项目所在地周边自然环境开敞,以及垃圾焚烧发电类工程的环保特点,项目定位于环保型工业建筑,具有满足生产流程的工艺要求、工业建筑的简洁大气、环保建筑的绿色生态等特殊设计要求,设计团队围绕场地选址特点、当代沈阳市民的精神面貌和垃圾焚烧发电项目的行业特征,提出了以"工业风范"为理念的建筑设计方案。

地域特色——沈阳是中国的东北亚地区的核心城市,今天的沈阳是鼎立全国、联系四方飞速发展下的继承传统与展向未来的一处风水宝地。沈阳已经成为南北、古今、刚柔碰撞与交汇的核心之地。沈阳已经成为历史轴的继承与延续,时空轴东西南北的节点,成为与每一位沈阳市民自我发展轴前行的一个交汇节点。

尊重工艺体量——焚烧发电厂房由卸料大厅、垃圾仓、焚烧间、烟气净化间四部分南北向布置组成,与汽机和主控楼形成六个高低起伏的体量并排展开。

传承沈阳历史的厚重悠远,从时间、空间上体现不断发展、思考、徘徊、再前进的历史进程;通过设计手法的简单重复和循环变化给走近之人以单纯和震撼之感,重奏古城历史的律动。继承沈阳文化中稳重、包容的性格特征,以方正的、完整的大体量横向错落堆叠,呈上窄下宽的稳定形态。外立面以大面积实墙为主,配合局部玻璃幕墙,点缀以不规则条窗,运用立体构成手法,通过点、线、面的组合重点突出整体形象。

空间布置特色——入口外挑屋檐,将卸料大厅与汽机、主控厂房形成的底座部分合为一个整体,完整的底座实墙上,竖向条窗重复、跳跃排列,重点在入口处通过穿插的玻璃盒子和树形支撑构件点缀趣味性灰空间,形成一目了然的视觉焦点;手法单纯,观感强烈。同时,大面积实墙和小面积开窗的形式迎合了当地气候特点,保证整体效果的基础上做到节能、环保。

垃圾池、焚烧间、烟气净化间作为突出体量,打破原有的并列布置,形成三个互相穿插的体量,屋顶天窗延续底座部分的竖向线条风格,将多个屋面和立面串联成一体;在充分尊重工艺体量的基础上,整合、重构,突出工业建筑的挺拔和绿色环保建筑的纯净。

烟囱部分舍去冗余的装饰,竖向线条延续了主厂房的整体风格,手法现代、经济适用。

环保与细节特色
主厂房以白色金属板为主,体现了环保节能建筑的纯净特点;灰色金属板为辅,强调沈阳城市的沉稳、厚重。竖向、横向条形窗和上下跳跃的装饰带活跃整体形象,与前广场流动、多变的水景铺装遥相呼应。

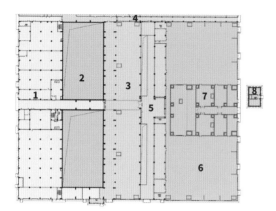

底层平面图

1. 主厂房辅助车间   5. 除渣间与电气楼
2. 垃圾坑   6. 尾气处理间
3. 锅炉焚烧间   7. 飞灰处理车间
4. 集中控制楼部分   8. 烟囱

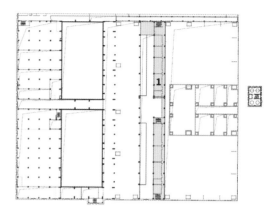

4.5 米层平面图

1. 除渣间与电气楼

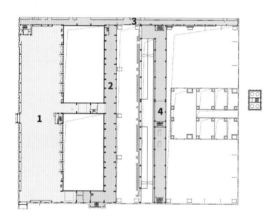

8.0 米 /8.5 米层平面图

1. 卸料平台
2. 锅炉焚烧间
3. 集中控制楼部分
4. 除渣间与电气楼

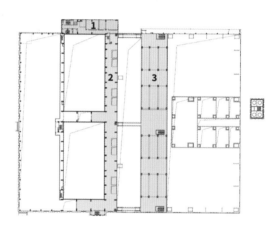

12.0 米 /14.0 米层平面图

1. 辅助办公
2. 锅炉焚烧间
3. 除渣间与电气楼

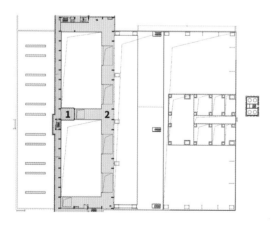

24.18 米层平面图

1. 垃圾吊控制室
2. 垃圾给料平台

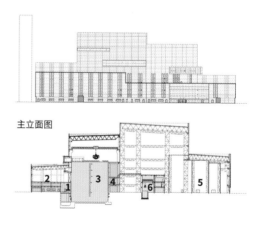

主立面图

剖面图

1. 辅助车间   4. 锅炉间
2. 垃圾卸料平台   5. 尾气处理间
3. 垃圾坑   6. 除渣间与电气楼

茂名市电白区绿能环保发电厂项目（2250 吨／天）

地点：广东省茂名市

建设方：茂名粤丰环保电力有限公司

设计院：广州华科工程技术有限公司

项目负责人：刘红、李鑫

工艺负责人：李鑫、高学宇

建筑负责人：胡锋

结构负责人：陈多强

建筑方案创作团队：广州华科工程技术有限公司／刘红、胡锋

完工时间：2018 年 11 月

占地面积：151,333 平方米

总建筑面积：57,982 平方米

主要材料：铝板、玻璃幕墙、穿孔格栅、高级外墙砖、真石漆

工程造价：7.8 亿元

焚烧炉厂家：重庆三峰

烟气净化工艺：SNCR + 半干法 + 干法 + 活性炭喷射 + 袋式除尘

项目背景

茂名市电白区绿能环保发电厂项目是茂名市重大民生工程,是广东省十三五规划重点建设项目,也是茂名市社会经济可持续发展的重要基础设施之一,具有显著的社会效益。本项目的建设将有效缓解电白区经济快速发展、人口增长带来的垃圾量增长所致的处置难题,避免出现垃圾围城的情况。本项目的建设及运营,能有效地解决城市垃圾污染及资源回收问题,为茂名市营造一个整洁的城市市容环境,使城市面貌、生态环境得到了较大的改善。改善了投资环境和生活环境,进一步吸引境内外投资者,对实现经济的可持续发展具有重大的现实意义。

本项目地处滨海新区垃圾卫生填埋场北侧,厂区西侧则是迎宾大道,交通条件较为便利。

设计挑战

项目用地为丘陵地段,北高南低,厂址唯一进场道路为西面的单行小道。在如此"简陋"的地形上,业主要求建设富有当地特色的、现代化环保发电厂。

寻求以下突破点:首先,从基本的功能考虑,做到洁污分流,需要构思在西面紧凑的地形基础上,将人流、物流出入口分开设置;其次,是否可以在有限的用地基础上,为环保教育功能提供更广阔的空间,将教育主题进行延伸;最后,如何将业主需求、地方特色、现代化与厂区建筑相关联。

项目主要特色

开放而有度的交流广场设置,为参观和学习人群提供了广阔的室外交流空间,同时,也为将室内的环保教育素材延伸到室外展示提供可能。

厂房立面在尊重功能需求的同时,利用现代材料、拼凑出富有地方文化特色的肌理,赋予了建筑生命感和地方属性。

1. 主厂房
2. 宿舍楼
3. 综合办公楼
4. 景观水池
5. 环保教育展厅
6. 综合水泵房
7. 冷却塔
8. 生产消防水池
9. 渗沥液 / 污水处理站
10. 飞灰养护暂存间
11. 飞灰填埋场
12. 预留远期用地

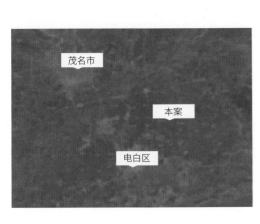

区位图

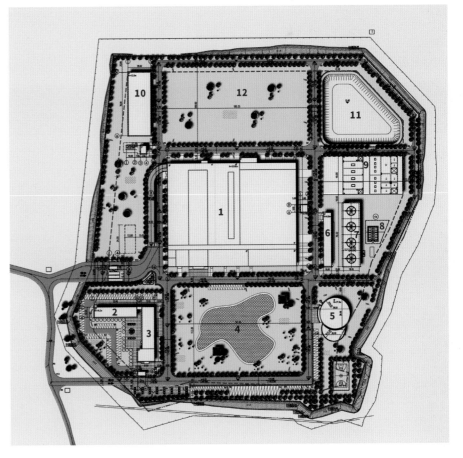

总平面图

总平面布局

总平面规划中,第一构思是在南边标高相对低的场地,布置厂外交流广场,开放而有度,可学习、交流的空间,将主厂房推向北面,面向交流广场,整体规划上使整个厂区浑厚而大气;利用主厂房的退让,在西面道路上自然形成人流、物流出入口,自然洁污分流。

建筑方案设计

立面构思中,考虑到垃圾发电功能的相对成熟性,设计在尊重功能的同时,考虑利用表皮创造富有当地特色的建筑形象,"取现代建筑之材,表传统文化之意"。抽取地方水果之王"荔枝"的表皮纹理,利用现代的复合铝板材料进行肌理复制,通过其和玻璃幕墙的对比应用,形成富有质感的现代化工厂形象。

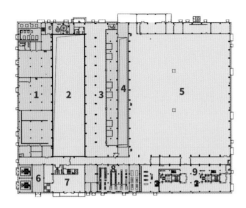

0 米层平面图

1. 主厂房辅助车间
2. 垃圾坑
3. 锅炉焚烧间
4. 除渣间
5. 尾气处理间
6. 升压站
7. 集中控制楼门厅
8. 集中控制楼高低压配电室
9. 汽机间

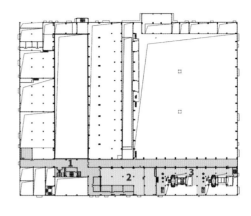

4.0 米 /4.5 米层
平面图

1. 集中控制楼夹层
2. 电缆夹层
3. 汽机间

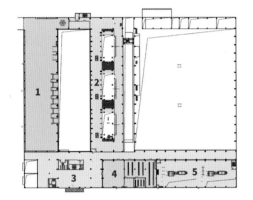

8.0 米层平面图

1. 垃圾卸料平台
2. 锅炉焚烧间
3. 集中控制楼参观部分
4. 中央控制室与设备间
5. 汽机间

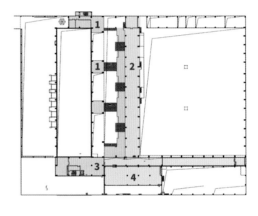

12.0 米 /13.5 米层
平面图

1. 锅炉焚烧间
2. 炉后设备平台
3. 备用间与楼梯间
4. 除氧间

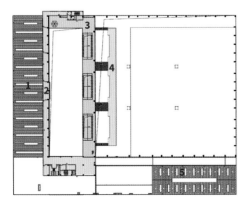

23.0 米层平面图

1. 垃圾卸料平台钢屋面
2. 垃圾抓手吊控制室
3. 垃圾给料平台
4. 锅炉平台
5. 汽机间钢屋面

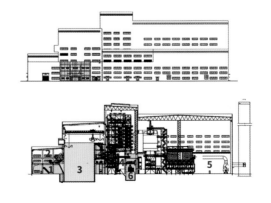

主立面图

剖面图

1. 辅助车间
2. 垃圾卸料平台
3. 垃圾坑
4. 锅炉间
5. 尾气处理间
6. 除渣间

深圳市东部环保电厂项目（5000 吨／天）

地点：广东省深圳市

建设方：深圳市能源环保有限公司

设计院：华东电力设计院有限公司

项目负责人：魏辉

工艺负责人：韦晓丽、王恺、蔡伟英、王奕珺、宗富荣

建筑负责人：赵阜东

结构负责人：张成

建筑方案创作团队：世函盛、陆荣、陈超

计划完工时间：2019 年 9 月

占地面积：224,500 平方米

总建筑面积：约 95,000 平方米

工程造价：437,575 万元

焚烧炉厂家：丹麦伟伦

烟气净化工艺采用：SNCR+ 半干法 + 干法 + 活性炭吸附 + 袋式除尘器 +SCR+ 湿法

项目背景

本项目服务区域主要为大龙岗区龙岗、坪山、大鹏为主，并平衡全市垃圾处理。项目建成投产后首先可作为深圳国际低碳城的配套设施和重要支撑项目，充分体现循环经济减量化的原则；其次，本项目按照国际一流、国内领先的标准进行设计，旨在打造低碳生态环保型电厂，建成投产后可作为国家级教育示范基地和科普教育基地；再次，垃圾焚烧后产生的热能可发出优质的电能，年可对外提供约10.16亿度优质电能，既体现了资源化的特点也对优化龙岗区电网电源结构及受端电网供电可靠性具有一定的作用。深圳市东部环保电厂项目位于"环境谷"东部，项目不仅为城市提供生产生活的能源，也通过自然环保的发展理念为社会、社区和居民提供精神层面的能量，成为环境谷的"能量核"。项目处于群山环抱中，山谷水田映射天光、溪流缓缓从场地中经过。在建设的过程中，保护、修复场地环境，使"能量谷"景观保持良好自然风貌特征作为绿色基底、符合"环境谷"的自然风貌是景观设计的目标初衷。

设计挑战

生活垃圾焚烧发电厂是一项环境保护工程，随着我国城市现代化建设和环境保护的提高，垃圾焚烧发电厂建筑体量已成为城市环境建设中的一个焦点。本厂区设计力争在质量、水平上都有所提高创新，使该工程成为具有鲜明去工业化特色的大型综合厂区，并使之成为一地标性建筑。

(1)厂区整体规划秉承建筑结合自然，"去工业化"的总体原则，在满足生产和工艺要求的基础上，注重建筑形体和布局与周边环境的有机结合，处理好厂区内不同建筑单体之间的空间关系，注重面向未来的高科技电厂的形象塑造，充分体现东部环保电厂现代、简洁、整体、绿色的特点。

(2) 在规划布局上，充分分析现有地形，力求最小化对现状地形的影响和改变，通过合理的景观规划和建筑造型的创新，达到低影响开发的目标。同时合理组织生产生活车流及人流，使各流线简捷、畅通，避免交叉干扰。利用现状山体，生活区建筑布置在比主厂区平面高4米的山坡上，污水处理设施布置在比主厂区平面高8米的山坡上，形成错落的立体布局效果。

(3)厂区外部空间设计采用先进的生态化设计理念，有别于一般工业建筑景观设计，通过结合现有地形条件，围绕综合主厂房区域精心设计多个不同功能的活动空间，结合当地的乔木与灌木种植，创造良好的户外景观空间，同时整个景观系统具有泄洪、过滤、清洁、调蓄等生态功能。

(4) 厂区内规划完整的科普教育功能，通过室内和室外的参观空间、参观走道、科普广场，向社区开放，力争打造一流的环保科普教育基地。

(5)积极合理地采用新材料、新技术以达到先进合理、经济、安全、卫生的要求。

(6)注意环境保护，对影响环境的废水、废气、噪声进行有效处理。

(7)加强消防安全设计，建筑设计严格遵守国家有关建筑防火、消防设计规范，合理进行建筑防火分区的划分，采取消防安全措施。

(8)注意节能，采用节能材料和设备，采取必要的保温隔热措施。

区位图

1. 主厂房
2. 宿舍
3. 食堂
4. 烟囱
5. 物料运输隧道
6. 洗车台
7. 地磅
8. 应急停车场
9. 冷却塔
10. 污水处理站
11. 参观入口坡道
12. 升压站
13. 中水处理设施
14. 清水池
15. 氨水间

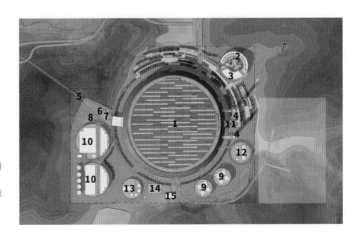

总平面图

总平面布局

根据建设用地的地形、地理状况、生活区建筑的功能特性,进行总平面设计,主厂区室外地坪标高经综合考虑,定为+44.5。建筑规划因地制宜,以场地东北角的山坡为依托,通过4米的高差创造和主厂有所隔离的生活区围合空间,将生活区布置在+48.5的山坡平台上,宿舍楼和食堂分别位于生活区的北侧和南侧,为员工日常工作、饮食和休息提供便捷的联系和良好的室外氛围。宿舍楼、食堂以及其围合庭院地下为埋入山坡中的地下车库,服务于员工的日常停车,车库出入口利用地形与主厂区道路在同一标高上相连接,达到便捷的交通联系。服务于生活区的设备机房等配套用房也主要布置在地下层。生活区建筑包括员工宿舍、食堂、公共用房及配套用房、地下车库等,满足园区工作人员及访客的生产生活及停车需求。

建筑方案设计

整个主厂房区域的建筑均结合工艺流程,有序布置在综合主厂房区域透空围护范围内。建筑单体包含有:卸料平台、垃圾池、除渣车间、汽机房、集中控制楼、办公楼、飞灰稳定化车间、综合水泵房、循环水泵房等等,其中专门设置了参观通道,将集中控制楼、办公楼和垃圾池连通。透空围护造型是以一定角度截断的锥形形体,它是基于主厂房区域内各个建筑物的几何形状而来。立面的这种动态和标志性的开敞性围挡能为内部设备提供一个开放的气候模式,与此同时限定出一个稳固和简单的建筑形体。立面在不同位置和不同距离观察,有丰富的视觉变化。从正面看,红赭色百叶片构成的造型螺旋上升形成开敞式的立面围挡。红赭色涂层是一种特殊设计的防污染和自洁涂层,提供坚固和易于维护的表面。百叶片自带内置的沟槽部分可起到排水的作用。百叶单元约1100毫米深,间隔约2500毫米,全周总共有360个单元。根据螺旋的几何形体,百叶片在造型上分割成相等的水平元件,利于制造和施工。同时,对百叶片进行的分解,满足在不同尺度上对于构架细部的观赏和解读。百叶片后面的表面是具有70%穿孔率的拉伸金属网,这一层材料也有助于幕墙的功能开放性,在保障安全的同时,不仅允许自然通风,而且也有助于立面的视觉透明度。拉伸网从内外部的可视区域看起来几乎是透明的,并且保证主厂区内部的设备在任何时候都能够被观察到。建筑立面围挡还有一些功能性的细节设计,这些也有助于对整个建筑形式和细节的阅读。立面围挡底部有一圈低矮的混凝土基座,在立面百叶片的底部形成一道连续的雨水收

集槽,满足排水需求,并且使建筑具有结构坚固的基部,保护入口和百叶片底部免受冲击损伤。建筑物的顶部有一个4米高的金属板环状收边,来衔接立面百叶片的顶端和建筑物的屋顶,这个屋顶处理在视觉上缩小了建筑物的体量和高度,并提供了一个简洁明了的建筑顶部收头。透空围护屋面为钢结构,面积约67,030平方米,自西向东倾斜,倾角为4度,屋面结构桁架上弦东侧最低标高为45.1米,西侧最高标高为66.7米。屋面设有一条环形走道,长约1千米,供举办特定活动时的参观游览或者骑行活动。北侧和东侧各有一组电梯和疏散楼梯通向屋面,同时结合交通核布置休息点等屋顶设施。屋面主要有三个系统构成:金属屋面板+太阳能光伏板,屋顶玻璃采光带和绿化屋面。太阳能光伏板面积约35,500平方米,平铺安装于金属屋面板上。玻璃采光带共约18,300平方米,采用主次梁钢结构、夹胶安全玻璃构造采光顶,均匀布置于主厂房区域的生产区域上方。屋顶绿化约12,455平方米,主要集中在沿屋顶周边和环形道路两侧,覆土厚度300~600毫米,种植草坪与灌木为主。屋面在主要生产区域均匀布置大型自然通风器,满足日常通风散热需求,并且在火灾时作为屋顶排烟口,和开敞式立面围挡一起充分满足自然排烟的要求。屋面雨水采用重力流内排水,主要屋面径流自西向东经南北向天沟收集后,经雨水斗沿内部结构柱设置的落水管向下汇入主厂房区域地下排水管网。屋面周边径流经自西向东的环状天沟收集后,由屋面下方水平向重力排水管就近汇入沿内部结构柱设置的落水管。

设计要点

326米直径的透空围护造型是以一定角度截断的锥形形体,内部布满了主生产工艺设备,结构跨度和整体尺度较大,在尚未进行过相似结构类型和跨度的设计,在不影响内部生产工艺设备布置的前提下,设计团队在内部设34根屋面支撑格构柱,柱距最大为68米。考虑到结构的重要性和外形的特殊性,他们委托了同济大学土木工程防灾国家重点实验室进行了风洞试验,委托浙江大学对结构的整体稳定性进行了校验,期间主体结构模型经历10余次专家评审及施工配合讨论会、进行了近15个月的模型搭建、结构计算及杆件优化后,施工图才顺利出版。

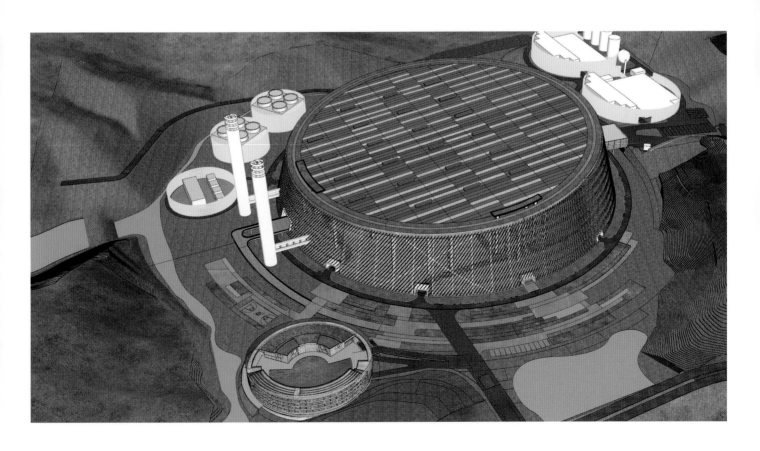

景观设计

设计主题是从环境谷起源到生命循环动线,通过环境谷、能量核+生命环、生命循环动线等三个层次的设计内容来体现。能量核的概念包含了参观清洁发电为城市提供能量、通过绿色教育宣传为社会提供正能量、提供自然休闲设施为社区居民提供能量以及营造健康工作环境为员工提供能量。环保电厂的景观分为内部、外部、屋顶、周围环境,四条能量生命循环动线,满足电厂日常生产之外的科普、教育、休闲等不同功能,包含了场区内工艺参观环线、屋顶景观骑行环线、广场教育科普环线以及外部涉水休闲环线。

主厂区景观的功能分区主要分为绿色友好区、绿色互动区、绿色友好体验区、绿色修护区、绿色防护区。厂区内对外开放的区域为绿色友好区,分时段开放的区域为绿色互动区。

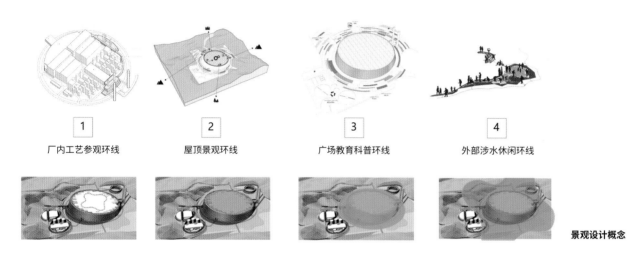

1	2	3	4
厂内工艺参观环线	屋顶景观环线	广场教育科普环线	外部涉水休闲环线

景观设计概念

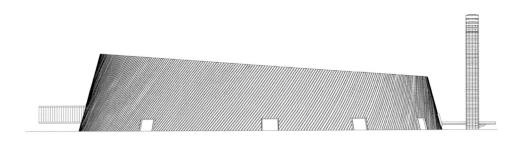

主立面图

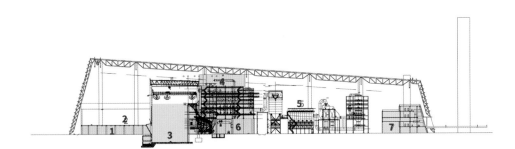

剖面图

1. 辅助车间
2. 垃圾卸料平台
3. 垃圾坑
4. 锅炉间
5. 尾气处理间
6. 除渣间与电气楼
7. 集中控制楼部分

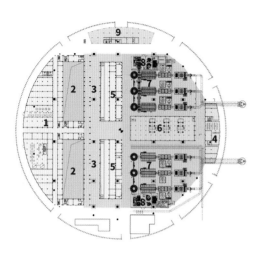

底层平面图

1. 主厂房辅助车间
2. 垃圾坑
3. 锅炉焚烧间
4. 集控楼部分
5. 除渣间与电气楼
6. 汽机间
7. 尾气处理间
8. 飞灰处理间
9. 办公楼部分

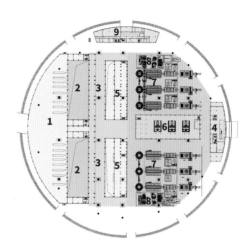

8.0 米平面图

1. 垃圾卸料平台
2. 垃圾坑
3. 玻璃焚烧间
4. 集控楼部分
5. 除渣间与电气楼
6. 汽机间
7. 尾气处理间
8. 飞灰处理车间
9. 办公楼部分

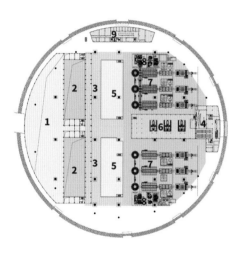

13.1 米层平面图

1. 垃圾卸料平台
2. 垃圾坑
3. 锅炉焚烧间
4. 中央控制室
5. 设备平台
6. 汽机间
7. 尾气处理间
8. 飞灰处理车间
9. 办公楼部分

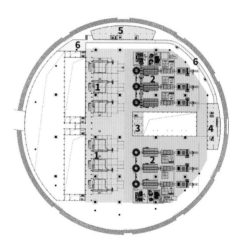

15.0 米层平面图

1. 锅炉焚烧间
2. 尾气处理间
3. 除氧间
4. 集控楼部分
5. 办公楼部分
6. 参观区域

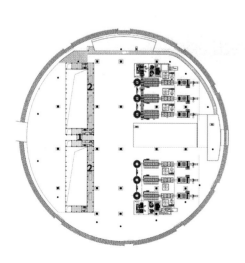

25.2 米层平面图

1. 垃圾吊控制室
2. 垃圾给料平台

绍兴市循环生态产业园（二期）工程焚烧发电厂项目（2250吨/天）

地点：浙江省绍兴市

建设方：绍兴市清能环保有限公司(绍兴环境)

设计院：中国联合工程有限公司

项目负责人：潘正琪

设计负责人：明嵬

工艺负责人：李兴亮、高传锋、蒋超群、张悦、张伟霖

建筑负责人：戴旭峰

结构负责人：高东伟

完工时间：2020年11月(预计)

占地面积：229,142平方米

总建筑面积：约67,460平方米

主要材料：玻璃幕墙、仿石涂料、压型钢板、穿孔铝板、铝镁锰板

工程造价：13.86亿元

焚烧炉厂家：光大装备

烟气净化工艺：SNCR+半干法+干法+活性炭吸附+袋式除尘器+SCR

项目背景

本项目是绍兴清能环保电厂的"异地重建"项目,老项目由于建设时间早,相关技术和处理能力相对落后,原厂扩建或提标技术改造均不能满足需求,为有效解决绍兴市生活垃圾增量、特色垃圾(布条等工业垃圾)出路等问题,进一步完善市环卫基础设施建设,提升市固废垃圾处置减量化、资源化和无害化水平,故决定异地重建,新项目投产后老项目停用。

绍兴市循环生态产业园(一期)工程(2250吨/天)2018年7月建成投产,本项目(二期工程)厂址紧贴一期工程,项目服务范围为越城区、柯桥区行政区域的城市生活垃圾和特色垃圾处理。本项目的建设不仅解决生活垃圾和一般工业固废的处理难题,也对提高绍兴市固体废物的无害化、减量化和资源化整体处理水平,减少固废污染,完善绍兴市固废处理市区覆盖范围,推动城市固废的分类利用率和资源的循环使用具有十分重要的意义。

设计挑战

本项目掺烧一般工业固废的量非常大,达到总垃圾量的1/3,对于垃圾收集方式、储存方式、混合方式以及给料方式设计均面临较大的挑战。由于掺烧一般工业固废量非常大,导致入炉垃圾成分复杂、垃圾热值创国内之最,焚烧系统的设计难度大,技术创新点多,特别是对于焚烧系统的结焦和防腐做了大量的研究和专家论证工作。

1. 主厂房　　　　7. 渗沥液处理站
2. 综合楼　　　　8. 飞灰养护车间
3. 景观水池　　　9. 垃圾电厂第二阶段用地
4. 综合水泵房　　10. 飞灰填埋场
5. 工业消防水池　11. 填埋场第二阶段用地
6. 冷却塔

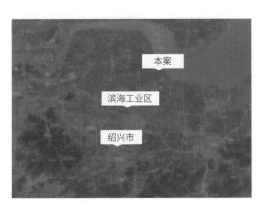

区位图

总平面图

总平面布局

为实现人货分流,人流出入口布置在厂区西南侧,物流出入口设置在厂区东南侧。

行政生活区。该区域包含综合楼（办公楼、食堂、宿舍楼）及厂前绿化。该区布置在厂区的西南侧。其中:综合楼布置在厂区西侧;厂前绿化布置在厂区南侧。

主厂房区。主厂房区是垃圾发电厂的核心区域,宜将其布置在与其他分区都能合理衔接的位置。该区域包括主厂房及烟囱,布置在厂区的中部,主立面朝南,由东向西依次为垃圾卸料平台(空压机间、化水站、检修间位于卸料平台下方)、垃圾池、焚烧间、渣坑、炉后配电间、烟气净化间。主厂房西部自东向西为升压站、门厅、10千伏配电间、变频器间及汽机间。

水处理区。该区域包括综合水泵房、冷却塔、工业消防水池、净水器、渗沥液处理站。该区域集中布置在主厂房西北,其中工业

及消防水池拟建于地下,上面覆土作绿化处理。

辅助设施区。该区域包括地磅及地磅房、上料坡道、氨水站、调压站、飞灰稳定化车间、化学品仓库。其中:地磅房及电子汽车房布置在厂区东南角的物流出入口处;上料坡道布置在主厂房东侧,便于垃圾车从西北侧进厂后按最短的路线进入卸料平台;调压站及氨水站布置在水处理区西北侧的角落地块,提高安全系数;飞灰稳定化车间、化学品仓库布置在主厂房北侧的角落地块,方便飞灰的运输,又远离厂前区。

填埋区。该区域为填埋场服务,考虑到环境太差,将其布置在厂区最北侧。

主要建筑物四周均有环形通道,在满足生产工艺流程的条件下,力求运输畅通,运距短捷,避免不必要的迂回。并且消防道路和运输道路相结合,消防车辆可以迅速驶达厂内各个建筑物。

形态生成

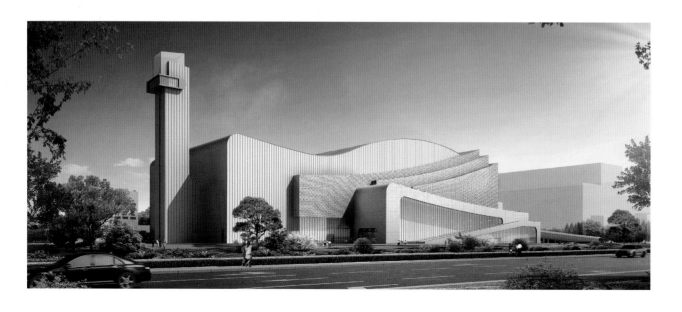

绿化布置注意点、线、面结合,充分利用道路两旁和建筑物周围空地进行绿化,以草坪和常绿树木为主,发挥绿化对于建筑的点缀、陪衬、指引、组织空间、美化环境的作用。接待中心前广场作重点处理,种植常绿树和灌木,配植露地草花,点缀水景,营造生机勃勃、开阔舒畅的环境气氛。

建筑方案设计

建筑造型和立面是建筑功能、技术及文化气质的外在体现,同时也是环境的组成部分,更是一个城市元素的表达与升华。造型设计上以经济、实用、美观、现代为指导思想,良好的设计思想、先进的设计理念是整个设计的基础。通过对建筑形式的选择、色彩的搭配和现代材料的运用,使整个外观体形丰富,层次分明,虚实对比强烈,体现了现代工业建筑稳重而不失活泼,大气而不失细腻的特点。同时严格根据工艺专业提出的功能要求,做到形式追随功能,从而使空间得到最合理的利用。将体量各不相同的体块融合到一起,并考虑各体块的比例尺度,使整个建筑造型高低错落有致,变化丰富,比例协调。

绍兴坐落于浙江省中北部,属于长江三角洲,人杰地灵,崇山峻岭,茂林修竹,曲水流觞,一曲"兰亭"诵读至今。书圣王羲之"书成换白鹅",兰亭内的"鹅池"名扬天下,源远流长。

天鹅是世界上飞行最高的鸟类,是力量与纯洁的象征,垃圾焚烧发电厂也是能源的核心,通过对垃圾的妥善处理,实现人与生态环境的友好相处。本方案采用现代建筑设计手法,建筑体量根据工艺专业要求设计,满足使用功能的前提下尽量体现现代建筑简洁、明快的建筑形态。相对低矮部分的厂房(升压站、集控楼、汽机间等)利用穿插的两个坡道串联起整个主厂房的基座,而大体块的厂房(垃圾卸料间、垃圾坑、锅炉间及烟气净化间)和烟囱则利用弧线整体刻画出"天鹅"的形态,我们的最终目标是让"天鹅"回归,使得人鹅共舞于钱塘江畔。

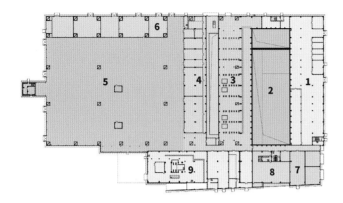

底层平面图

1. 辅助车间　　　5. 尾气处理间
2. 垃圾坑　　　　6. 飞灰处理车间
3. 锅炉焚烧间　　7. 升压站
4. 除渣间与电气楼　8. 集中控制楼部分

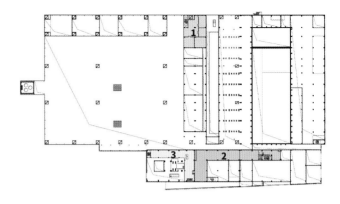

4.5 米层平面图

1. 电气楼 4.0 米层
2. 电缆夹层
3. 汽机间夹层

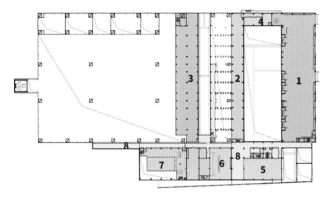

9.0 米层平面图

1. 垃圾卸料平台　　5. 运行人员办公区
2. 锅炉焚烧间　　　6. 中央控制室
3. 电气楼 8.0 米层　7. 汽机间
4. 检修人员办公区　8. 9.0 米层参观区域

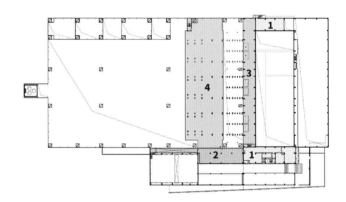

14.5 米层平面图

1. 主厂房辅助车间
2. 除氧间
3. 锅炉焚烧间
4. 设备平台

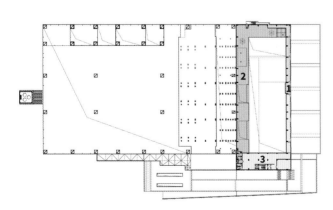

26.0 米层平面图

1. 垃圾吊控制室
2. 垃圾给料平台
3. 26.0 米层参观区域

主立面图

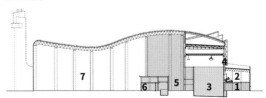

剖面图

1. 辅助车间　　　5. 锅炉焚烧间
2. 垃圾卸料平台　6. 除渣间与电气楼
3. 垃圾坑　　　　7. 尾气处理间
4. 垃圾吊控制室

上海老港再生能源利用中心二期工程（6000吨/天）

项目地点:上海市浦东新区

建设方:上海老港固废综合开发有限公司

设计院:中国五洲工程设计集团有限公司 & 同济大学建筑设计研究院(集团)有限公司

项目负责人:刘巍荣

项目总设计师:梁立军

工艺负责人:郭爱肖、韩苏强、吴仪

建筑负责人:朱先年、于立平

结构负责人:王庆海、颜伟华

建筑方案创作团队:汤朔宁、钱峰、林大卫、徐烨、孙宏楠、金章才

完工时间:2019年9月

占地面积:179,880.4平方米

总建筑面积:约144,002平方米

主要材料:铝板、玻璃等

工程造价:334,523.37万元

焚烧炉厂家:三菱重工

烟气净化工艺:SNCR+干法+活性炭吸附+袋式除尘器+湿法+SCR

项目背景

上海老港再生能源利用中心项目由上海市城市建设投资开发总公司所属企业上海老港固废综合开发有限公司投资建设,上海环境集团运营管理有限公司运营管理,是上海市政府重点工程,项目位于上海市浦东新区老港固废基地内东南角。

该项目分为两期,一期工程已于2013年正式运行,建设规模为日焚烧处理生活垃圾3000吨,投资约15亿元。二期工程建设8条750吨/天的焚烧线,日焚烧处理生活垃圾6000吨,投资约为34亿元。

设计挑战

项目建设方和设计方致力于打造一座去工业化的工厂,努力破解垃圾发电项目"邻避效应"这一难题。

本项目作为民众与学生的科普基地,充分展示了国内最先进的垃圾焚烧技术,因此,项目建设方和设计方利用南北工房中间的间隙设置了参观区,形成与主工房一体化的完整造型。

本工程拟在多个危险区域实现无人化自动作业,如渗沥液自动疏通系统等,提升安全生产条件。项目建设规模属于特大类,系统性、综合性强,设计难度大,技术创新点多。

项目主要特色

立面采用曲线状、并且局部翻起的氟碳喷涂铝单板幕墙,以一条条高低起伏的曲线形成海浪般的形态,同时每一条铝板又以不同的趋势逐渐翻起落下,不但利用铝板间的缝隙满足内部焚烧、净化车间通风的需求,更使得建筑整体的立面如同运动中的波纹一般生动,令建筑体量充满动感。

1. 主厂房　　6. 综合水泵房
2. 烟囱　　　7. 化工品库
3. 高架引道　8. 停车场
4. 循环水泵房　9. 厂区大门
5. 冷却塔　　10. 景观绿化

区位图

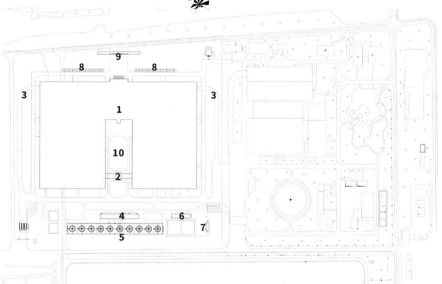

总平面图

设计理念

项目基地毗邻东海,设计团队希望将海天壮阔的景观以及垃圾焚烧发电的特点以建筑造型来予以表达,因此,设计取意于"水蓝宝盒",将"水流"的动感以及垃圾焚烧发电工艺的流线共同抽象物化为建筑造型的流线,同时寓意焚烧发电厂犹如一个将垃圾变废为宝、焚烧发电的"宝盒",也寄托垃圾焚烧发电行业的所有从业人员将垃圾再生利用、造福于民、还地球一片"蓝天"的梦想。

基于原本的卸料大厅、垃圾坑、焚烧间、烟气净化间等几大主体功能的内部空间需求,将几个功能体块进行整合,并通过流线型、多段式、高低起伏穿插的立面线条以及在中部、转角处设置的玻璃体,合理的采用"表皮"手法,弱化了原本敦实、呆板的建筑体量,使得一个长度330米、宽度220米、高度50米的超大尺度

建筑,在没有使用异型曲面等夸张、复杂造型的前提下,产生了如水流般动感的视觉体验。

建筑造型的主要元素——"水平起伏延展的线条",通过横向贯通的铝板来得以实现。同时,为了增强建筑造型的冲击力及"水流"的感觉,在原本水平延展的铝板基础之上,选择局部区域又将铝板以不同的角度逐渐翻起和落下,以避免平面铝板给人的单调感觉,为建筑立面带来层次和光影。

同时,这些翻起的铝板还能够提供一个重要作用,即为立面上众多分散并且大面积的进风、排风口提供通风需求,成了犹如鱼鳃式"呼吸"表皮,造型和功能得到统一,也保证外立面的完整性,避免了原本工业建筑立面门窗洞口、百叶的"补丁式"设计。

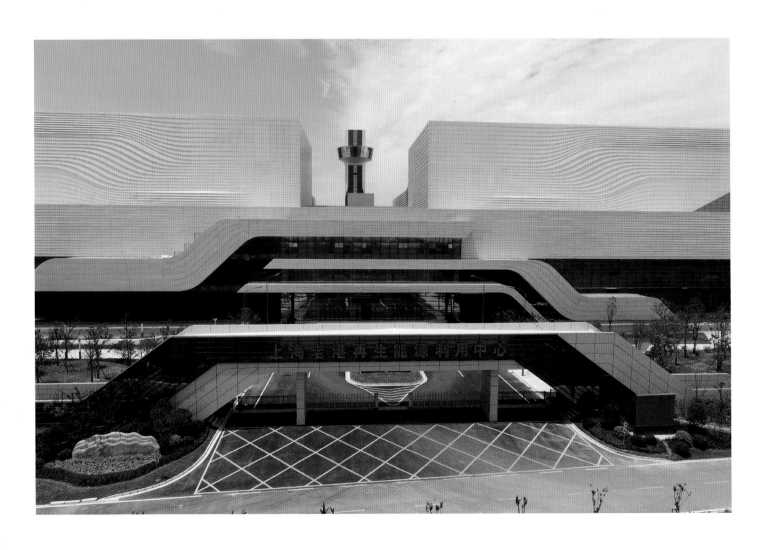

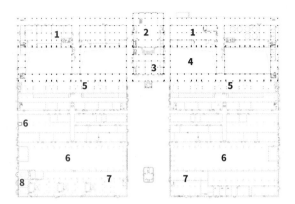

底层平面图

1. 卸料区　　5. 焚烧间
2. 中控区　　6. 烟气净化区
3. 辅助用房　7. 汽机间
4. 垃圾池　　8. 变压器室

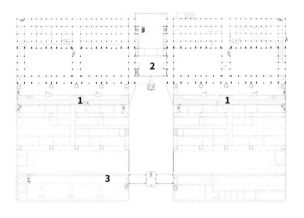

5.0 米层平面图

1. 卸料区
2. 辅助用房
3. 汽机间

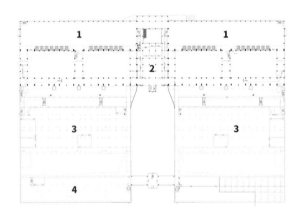

8.0 米层平面图

1. 卸料大厅　　3. 烟气净化与焚烧区
2. 辅助用房　　4. 汽机间

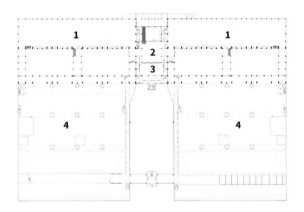

14.0 米层平面图

1. 集控楼部分　　3. 设备平台
2. 锅炉焚烧间　　4. 汽机间

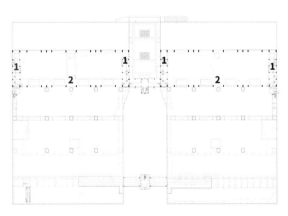

24.5 米层

1. 卸料区
2. 辅助用房

主立面图

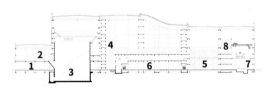

剖面图

1. 辅助车间　　　5. 尾气处理间
2. 垃圾卸料平台　6. 除渣间和电气楼
3. 垃圾坑　　　　7. 汽机间
4. 锅炉间　　　　8. 除氧间

苏州市生活垃圾焚烧发电厂提标改造项目（6850 吨／天）

地点:江苏省苏州市

建设方:光大环保能源(苏州)有限公司

建筑方案创作团队:华南理工大学建筑设计研究院／倪阳

完工时间: 2019 年 10 月

占地面积: 45,991 平方米

建筑面积:54,506.6 平方米

主要材料:陶板、钢化玻璃、铝板、压型钢板等多种材料

工程造价: 33.2 亿元

焚烧炉厂家:光大装备

烟气净化工艺:SNCR+ 半干法 + 干法 + 活性炭吸附 + 袋式除尘器 +SCR+ 湿法 +GGH+ 烟气脱白

项目背景

该项目位于苏州市吴中区木渎镇东南部的七子山生活垃圾填埋场西北侧，主厂区部分以垃圾场东侧为边界，北侧为高压线，南侧有一条道路为采石场运输用路，东侧为采石场，距七子村1.5千米、胥江1.5千米、苏福公路2.4千米、木渎镇约5.5千米、苏州市约13千米。苏州市现有生活垃圾无害化处理设施4座，分别为七子山卫生填埋场和苏州市垃圾焚烧发电厂（一、二、三期工程），厂址位于七子山下。苏州市作为一个比较发达的城市，土地资源十分紧张，同时考虑苏州市的城市形象，原生垃圾直接填埋处理已经无法满足苏州市的垃圾处理要求。为缓解苏州经济飞速发展带来生活垃圾增加的处理压力，减少现有填埋场处置压力，改善苏州市地表环境、大气环境、地下水环境，在本项目原三期工程获得成功的基础上，有必要提标改造，通过采取有效的工程技术措施，使得生活垃圾的处理对周围环境的污染降到最低，达到保护环境的目的，形成"焚烧减量+残渣终端填埋"的良性垃圾处理结构，进一步促进垃圾处理无害化、减量化及资源化。因此，本期项目的建设对于弥补苏州市垃圾处理能力特别是焚烧能力不足，解决苏州市即将出现的"垃圾围城"问题是十分必要的。

设计挑战

本项目服务区生活垃圾产量2017年已超过5600吨/天，预测2020年将超过6600吨/天，2025年接近7500吨/天，随着苏州市强制分类工作的推广，餐饮单位（含食堂）的餐厨垃圾、农贸市场有机垃圾、学校利乐包、易拉罐、企事业单位废纸等相继会得到分类收集处理，届时作为焚烧或填埋的生活垃圾将基本稳定，不再增长。根据《江苏省城乡生活垃圾分类和治理工作实施方案》，到2020年年底，苏南、苏中地区基本实现生活垃圾全量焚烧。根据《苏州市"两减六治三提升"专项行动实施方案》（苏委发〔2017〕13号），到2020年，市区生活垃圾分类设施覆盖率达到90%，全市基本实现生活垃圾全量焚烧。根据此要求，全市近7000吨/天的垃圾需要逐步全量焚烧，由于苏州市土地资源紧张，很难再找到合适的厂址建设垃圾焚烧发电厂，只能在现有垃圾焚烧发电厂进行挖潜提标改造。

项目特色

本项目主要采用灰顶白墙，充分考虑到苏州元素，尽量打造错落有致的厂房布局，同时使整个厂区与七子山景区融为一体。主立面外墙主要采用玻璃幕墙及陶板幕墙，既有苏州古典风格，又有现代元素，优雅不失庄重。在苏州元素中融入现代的理念，创造与众不同的建筑风格。

（第一阶段）
1. 主厂房
2. 综合水泵房
3. 天然气调压站
4. 厂前景观区

（第二阶段）
5. 主厂房
6. 冷却塔

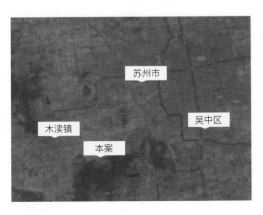

区位图

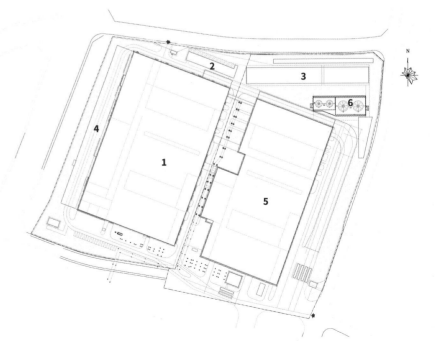

总平面图

总平面布局

第一、二阶段项目总平面布置

根据工艺生产、运输、防火、环境保护、卫生、施工和生活等方面的要求,并结合厂址地形、周边环境、道路交通、地质和气象条件等自然条件,按照规划容量,对所有建筑物和构筑物、管线及运输线路进行统筹安排。本阶段用地地块为较为规则的多边形,基本是东西方向长,南北方向短,厂区西侧、东侧及北面有厂外道路相接。生产区是焚烧发电厂的核心设施和建筑物,考虑工艺生产流程、交通运输、周边环境、当地主导风向等主要因素,将生产区布置在地块的中心区域,辅助生产区布置在用地的东北侧。一、二阶段的主厂房平行布置,两个建筑之间采用连廊相连,建筑内的焚烧工艺流程由北往南延伸,主立面面向厂区西面的厂前区。原生垃圾及灰渣的运输由主厂房东侧的道路及坡道进出,物流出入口在厂区的东侧靠南。辅助生产区设置在主厂房的北,综合水泵房布置在主厂房的北面,而冷却塔位于水泵房的东侧。天然气调压站布置在1号主厂房的西南侧。

第三阶段项目总平面布置

第三阶段位于总用地的南侧,包括:原三期工程及渗沥液处理站(含办公楼)。本阶段主要工程为渗沥液处理站的提标改造,其余原三期工程不做改动。

第四阶段项目总平面布置

第四阶段位于总用地的中部,包括原一、二期工程。本阶段主要工程为拆除原一、二期工程建筑,新建1台850吨/天的焚烧线的主厂房及相应的辅助生产建构筑物。根据工艺生产要求,第四阶段主厂房布置在阶段用地的西侧,建筑内的焚烧工艺流程由南往北延伸,主立面面向厂区西面的厂前区。辅助生产区布置在用地的东侧,由南到北分别是危险暂存库、污水处理站、冷却塔、综合水泵房。

厂区围墙及大门

厂区围墙简洁大方,并沿用地红线内沿线布置,同时由于考虑厂区的水土保持情况,厂区土方基本自平。厂区大门根据与周边建筑的空间上组合和功能需要设计,精致美观,满足日常使用要求。

厂区道路及广场地坪

厂区内道路为城市型混凝土道路,主要道路宽7米,次要道路宽4米,物流运输进厂道路16米/9米宽。厂前广场等采用铺设广场

砖,结合绿化设计,大方美观。

节约用地措施及厂区用地分析

厂区用地相对集中紧凑,从车间布局开始已在满足生产需要的前提下尽量减少占地面积;同时各厂房之间在满足消防要求和管线布置要求的前提下尽可能减少两者的距离。

厂区竖向布置形式

根据生产工艺的要求,结合交通运输,防洪排水,采光通风的要求,本着因地制宜,节约基建投资,方便施工的原则,竖向布置采用局部平坡式的方式,厂区场地的绝对标高以满足50年一遇的洪水水位+0.5米为前提,尽量减少土方量的同时结合工艺生产的要求,结合原有厂区的场地标高为6.70米。

交通运输

本厂设三个出入口,分别位于厂区的东北面与西南侧,实行洁污分流;办公车辆经过厂区北侧的出入口进入厂区,在主厂房西侧的广场设有小车停车位;厂区东侧中部的出入口为物流出入口,垃圾车由此大门进入厂区,垃圾车经地磅计量后,通过坡道驶入各个阶段主厂房的卸料平台,卸入垃圾贮坑。在厂区中部西侧设有一个备用出入口,以保证厂区运输的安全性。设三个出入口有效地把人流与物流分开,互不干扰。厂区内道路为城市型沥青道路,主要建筑物四周采用环形通道设计,在满足生产工艺流程的条件下,力求运输畅通,运距短捷,避免不必要的迂回。并且消防道路和运输道路相结合,消防车辆可以迅速驶达厂内各个建筑物。厂区内的主要道路宽7米,次要道路宽4米,垃圾运输道路宽13米,垃圾卸料平台宽为24米,总图道路面积为27,956.85平方米。

厂区绿化规划

满足当地的气候特征,保证绿化植物的存活率。结合建筑物和道路,在平面和空间上形成美的和谐统一。作为工业厂房的绿化种植,考虑美观效果的同时也要有一定的实用效果,对于垃圾焚烧发电厂则要考虑有吸尘和除臭的功能,特别是垃圾车运输车道和污水处理厂周边区域。这是保证厂区绿化长期可行的重要因素。

厂区重点区域的绿化规划

绿化布置注意点、线、面结合,充分利用道路两旁,建筑物周围空地进行绿化,以草坪和常绿树木为主,发挥绿化对于建筑的点缀、陪衬、指引、组织空间、美化环境的作用。本厂区的绿化重点规划区域是厂前区和生活区周边绿化的设计。厂前区是整个厂区对外展示的一个亮点,在厂前区布置了广场和西式精美绿化。

建筑方案设计

灵感来源于江南水乡的苏州小镇。厂区的建筑单体之间体量多变、形态各异,高低错落,各有特点,主要通过以下几项原则使厂区达到统一美观。

第一,强化建筑群体的整体性,使之能够与周围环境有机融合;
第二,追求空间层次和尺度,强调人在其中的空间体验;
第三,塑造均质化的立面肌理,赋予工业建筑应有的建筑风格。

立面风格的确定,是建立在对于工业建筑特性分析理解的基础之上,简约、内敛、平和的建筑风格无疑是恰当的。在立面肌理的刻画上,遵循"形式源于功能"的原则,以最真实、最直接的表现手法来反映建筑内容。

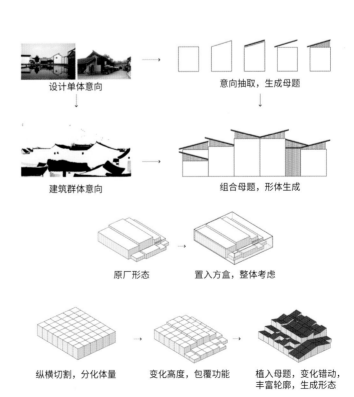

设计单体意向 → 意向抽取,生成母题

建筑群体意向 → 组合母题,形体生成

原厂形态 → 置入方盒,整体考虑

纵横切割,分化体量 → 变化高度,包覆功能 → 植入母题,变化错动,丰富轮廓,生成形态

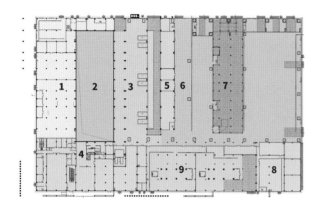

底层平面图

1. 主厂房辅助车间　6. 尾气处理间
2. 垃圾坑　　　　　7. 飞灰处理间
3. 锅炉焚烧间　　　8. 升压站
4. 集控楼部分　　　9. 汽机间
5. 除渣间与电气楼

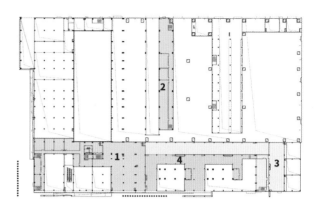

4.3 米 /4.5 米层平面图

1. 集控楼部分
2. 除渣间和电气楼
3. 升压站
4. 汽机间

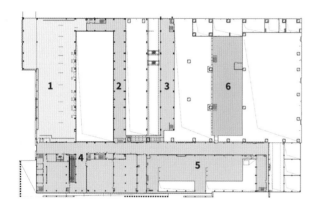

8.5 米层平面图

1. 卸料大厅　　　　5. 汽机间
2. 锅炉焚烧间　　　6. 设备平台
3. 除渣间和电气楼
4. 集控楼部分

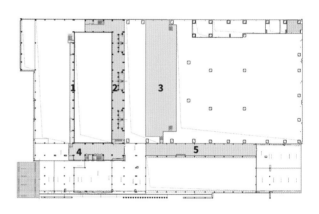

16.5 米层平面图

1. 垃圾吊配电间　　5. 除氧间
2. 锅炉焚烧间
3. 设备平台
4. 除臭间

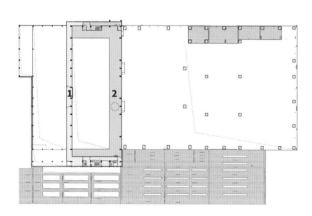

23.5 米层平面图

1. 垃圾吊控制室
2. 垃圾受料平台

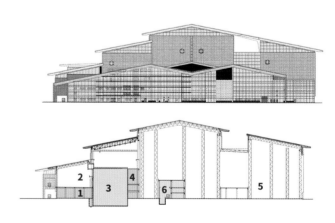

剖面图

1. 辅助车间　　　　4. 锅炉间
2. 垃圾卸料平台　　5. 尾气处理间
3. 垃圾坑　　　　　6. 除渣间与电气楼

杭州临江环境能源工程（5200 吨／天）

地点：浙江省杭州市

建设方：杭州临江环境能源有限公司(杭州环境)

设计院：中国联合工程有限公司

项目负责人：赵光杰

项目总设计师：冯志翔

工艺负责人：金亮、寿恩广、张悦、李海疆、陈立欣、张伟霖、李兴亮、任弘毅、吴伟接、张悦、邹昊舒

建筑负责人：桑晟、章伟栋

结构负责人：李瀛

建筑方案创作团队：杭州中联筑境建筑设计有限公司 / 王大鹏、张潇羽

完工时间：2020 年 10 月（预计）

占地面积：236,300 平方米

总建筑面积：约 130,774.52 平方米

主要材料：穿孔铝板、铝板、玻璃幕墙、夹芯板、彩钢板等

工程造价：352,572 万元

焚烧炉厂家：日立造船

烟气净化工艺：SNCR+ 半干法 + 干法 + 活性炭吸附 + 袋式除尘器 +GGH+ 湿法 +SGH+SCR+ +GGH

项目背景

临江循环经济产业园位于杭州市钱塘新区，是杭州最重要的循环经济园区，承担了全市多种类型固废处置的职能。杭州临江环境能源工程位于循环经济产业园的中部区域，是这个循环经济产业园的核心工程。

设计挑战

宏伟的项目规模。项目规模大，是目前全亚洲单次一次性建设，规模第二的生活垃圾焚烧发电项目。

大体量的建筑群。主厂房占地面积超过5.3万平方米（约80亩），建筑面积近10万平方米。6条焚烧线分2个焚烧车间南北对称布置，汽机间和集控楼位于南北车间之间，主厂房南北跨度达250米，从卸料平台至烟气净化间尾部，厂房长度超过220米，可容纳近百人同时参观。

先进的核心设备。项目核心设备炉排焚烧炉采用目前全球市场占有率排名第一的日立造船炉排焚烧炉；全厂配套3台45兆瓦的凝汽式汽轮机和3台50兆瓦发电机；主汽采用中温次高压参数，全厂热效率超过26.5%，在核心设备方面做到技术先进，成熟可靠。

领先的烟气治理措施。烟气污染物排放严于EU2010/75/EC（欧盟2010）及国标GB18485-2014，并确保烟囱出口无"白雾"现象。经过严苛的烟气净化工序处理后的烟气，酸性气体、氮氧化物、粉尘、二噁英等民众关心的污染物排放均可控制在极低的排放水平。

显著的环保教育功能。本工程具有科教、示范功能，在平面设计上参观流线占有极重要的地位。整个参观流线围绕中庭空间进行设置，通过串联工艺设备展示区、室内展区、多媒体互动、中庭花园等多个建筑空间，增加参观的趣味性，体验能源利用的原理，提高公众意识。

具有示范意义的海绵城市设计。厂前区、清洁生产区完全按海绵城市要求设计，在生活垃圾焚烧发电领域属于开拓性设计，通过下凹式绿地、透水性地面、调蓄景观水池，充分发挥建筑、道路、绿地、水系等生态系统对雨水的吸纳、蓄渗和缓释作用，有效控制雨水径流，实现自然积存、自然渗透、自然净化的园区发展方式。

项目主要特色

建筑天际线轮廓采用圆润的曲线，既象征着舞动的钱江潮水和江南水袖，又可以丰富立面造型，连同底层的玻璃幕墙，有效增加立面设计的秩序感。

1. 主厂房
2. 飞灰养护车间
3. 工业消防水池
4. 循环及综合水泵房
5. 冷却塔
6. 渗沥液处理站
7. 宿舍及食堂
8. 景观绿化
9. 技术研究中心

区位图

总平面图

总平面布局

根据现场地形情况,交通条件,地块形状,结合垃圾及其他物料的运输、竖向布置和功能分区等因素进行综合考虑,确定了本案总平面布置,厂区共划分为四个功能区:行政管理区、辅助生产区、主厂房区和水处理区。

行政管理区布置在厂区东侧,面向厂外道路,便于办公及参观人员就近进入。同时将厂区形象对外展现。主厂房区域布置在焚烧发电厂区域的中部地带。渗沥液处理站布置在厂区南侧,靠近主厂房垃圾坑及锅炉间,便于两者之间的管线及管架的布置。其他如冷却塔、综合水泵房等布置在主厂房西侧,靠近汽机间,与汽机间仅为一路之隔,两者之间的循环水管、电缆沟都极为短捷,减少投资及运营的成本。同时冷却塔布置在西侧,不影响厂前区景观。该总平面布置功能分区明确、工艺流程简洁流畅、交通组织合理、竖向布局合理、厂区绿化面积适宜。

本案厂区东侧为人流出入口,仅供人流及相关车辆进出。西北侧为物流出口,西南侧为物流进口。考虑到厂区垃圾运输量极大,出入口的设置使厂区的车辆形成环形单向运输,无任何交叉。

本案中绿化空间开阔,景观连成一片,从厂区外围景观及内部景观来说,更为整体大气。

建筑方案设计

本建筑方案设计灵感源于杭州丝绸,将绸带轻盈飘逸的意向抽象,融入建筑的神韵中,同时将呈现杭州深厚文化底蕴的舞韵,连同千年钱江潮水的舞动渗透到建筑之美中,营造"绸带当空,舞动钱江"的设计理念。结合厂区景观绿化,协调全厂的建筑景观效果,使其成为有机协调的整体,再现了原杭州刺史白居易《缭绫》"织为云外秋雁行,染作江南春水色"的意境。建筑方案立面形体与垃圾发电厂工艺尺寸高度契合,将美感和功能要求统一。立面采用模拟绸带造型的平面构成,施工简单造价经济,实用而美观,通过主立面穿孔铝板幕墙的渐变肌理,打造水波、云雾和绸带的直观纹理效果。

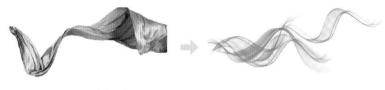

 轻盈飘逸的绸带  抽象提取绸带意向

绸带当空

设计创意：将绸带轻盈飘逸的意向抽象，融入建筑的神韵中

舞韵之美 钱潮舞动

舞动钱江

设计创意：将呈现杭州深厚文化底蕴的舞韵，连同千年钱江潮水的舞动渗透到建筑之美中

248

中国垃圾焚烧发电厂规划与设计

设计要点

本项目厂房体量大，长、宽方向尺度都超过200米，如何营造简洁大气的建筑形象是本项目方案设计考虑的关键。

设计上以经济、实用、美观、现代为指导思想。良好的设计思想、先进的设计理念是整个设计的基础。通过对建筑形式的选择、色彩的搭配和现代材料的运用，使整个外观、体形丰富，层次分明，虚实对比强烈，体现了现代工业建筑稳重而不失活泼，大气而不失细腻的特点。

厂房的体形设计上，严格根据工艺专业提出的功能要求，做到形式追随功能，从而使空间得到最合理的利用。将体量各不相同的体块融合到一起，并考虑各体块的比例尺度，使整个建筑造型高低错落有致，变化丰富，比例协调。

主厂房部分的建筑设计充分结合内部空间的使用和功能，垃圾卸料部分在满足采光的同时尽可能少开窗，垃圾贮坑部分外墙基本为实体墙，仅通过屋顶采光，以形成更好的密闭空间，防止垃圾臭味溢出。

本案结合厂区景观和室内精装修设计，打造由外及内的和谐、简洁、大气建筑形象。

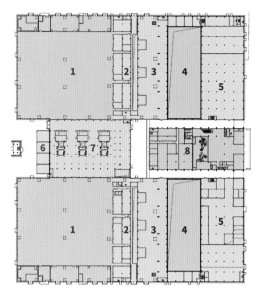

底层平面图
（主厂房）

1. 烟气净化间
2. 除渣间
3. 锅炉间
4. 垃圾坑
5. 主厂房辅助车间
6. 主变室
7. 汽机间
8. 集中控制楼

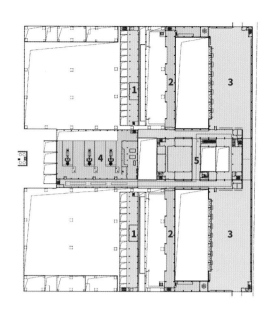

8.0 米层平面图
（主厂房）

1. 除渣间
2. 锅炉间
3. 卸料大厅
4. 汽机间
5. 集中控制楼

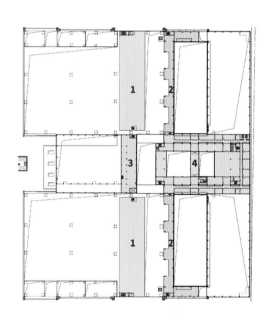

13.5 米层平面图
（主厂房）

1. 除渣间
2. 锅炉间
3. 汽机间
4. 集中控制楼

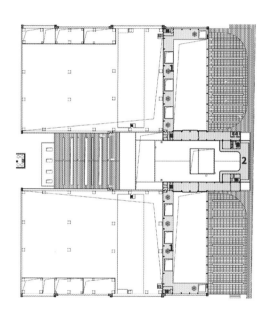

27 米层平面图
（主厂房）

1. 垃圾受料层
2. 垃圾吊控制室层

主立面图（主厂房）

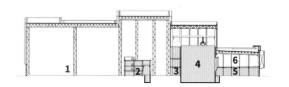

剖面图（主厂房）

1. 烟气净化间
2. 除渣间
3. 锅炉间
4. 垃圾坑
5. 主厂房辅助车间
6. 卸料大厅

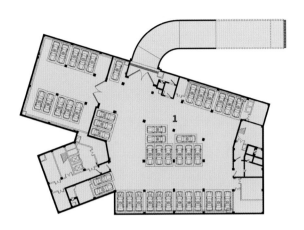

地下一层平面图（技术研究中心）

1. 人防地下室

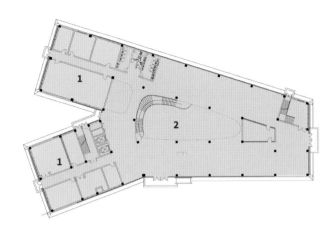

一层平面图（技术研究中心）

1. 办公区域
2. 展厅区域

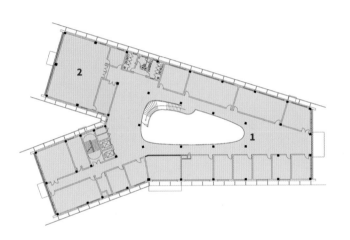

二层平面图（技术研究中心）

1. 办公区域
2. 多功能厅

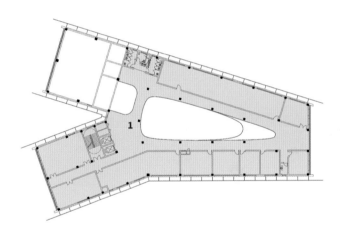

三层平面图（技术研究中心）

1. 办公区域

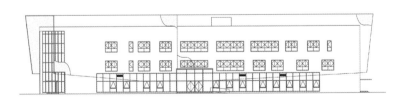

主立面图

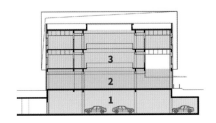

剖面图

1. 人防地下室
2. 展厅区域
3. 办公区域

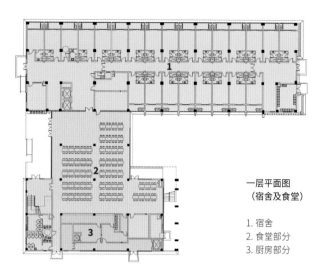

一层平面图
（宿舍及食堂）

1. 宿舍
2. 食堂部分
3. 厨房部分

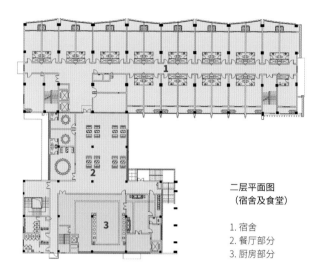

二层平面图
（宿舍及食堂）

1. 宿舍
2. 餐厅部分
3. 厨房部分

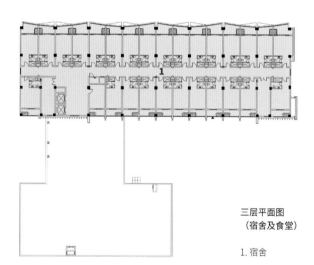

三层平面图
（宿舍及食堂）

1. 宿舍

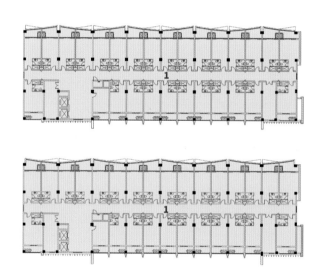

四层／五层平面图
（宿舍及食堂）

1. 宿舍

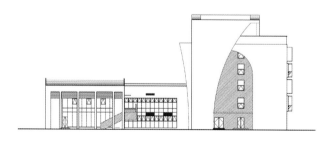

立面图（宿舍及食堂）

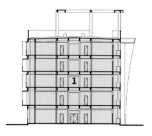

剖面图（宿舍及食堂）

1. 宿舍

索 引

公司名称: 中国联合工程有限公司
地址: 浙江省杭州市滨江区滨安路 1060 号
网址: www.chinacuc.com
电话: 0571-88151934、88155664

公司简介: 中国联合工程有限公司始创于 1953 年,隶属于中央大型企业集团、世界 500 强企业——中国机械工业集团有限公司,现有员工 5200 多人,具有工程设计综合甲级、多个行业的工程咨询甲级和工程造价咨询甲级等资质,是国家全过程工程咨询试点企业。在工业、民用、能源、装备、规划市政、国际工程承包等领域具有核心竞争优势。

公司下属的新能源工程设计研究院,业务范围涵盖新能源领域的技术研发、工程咨询、工程设计、项目管理及工程总承包业务等全过程服务,主要业务集中在垃圾焚烧发电、餐厨及厨余垃圾处理、危险废物处理、污泥处理、建筑垃圾处理、工业垃圾处理等领域,是国内最早开展垃圾焚烧发电项目设计的单位之一,业绩位居全国前列,在垃圾焚烧发电、污泥处理等工程的咨询设计、工程总承包方面具有行业领先优势。设计的生活垃圾焚烧发电项目获得中国建设工程鲁班奖(国家优质工程)、中国电力优质工程奖、省部级科学技术一等奖等多项殊荣。

公司名称: 中国恩菲工程技术有限公司
地址: 北京市海淀区复兴路 12 号
网址: www.enfi.com.cn
电话: 010-63936773

公司简介: 中国恩菲工程技术有限公司(原中国有色工程设计研究总院,简称"中国恩菲")成立于 1953 年,是中华人民共和国成立后,为恢复和发展我国有色金属工业而设立的第一家专业设计机构,现为世界五百强企业中国五矿、中冶集团子企业,拥有有色行业唯一的全行业工程设计综合甲级资质。中国恩菲立足有色矿冶工程,依靠科技创新驱动,高端咨询引领,发展科学研究、工程服务与产业投资三大业务领域。当前,中国恩菲正以"一带一路"倡议、京津冀协同发展等一系列重大国家战略为指引,全力打造有色矿冶国家队,绿色环保排头兵,新兴产业创新者,坚持走高技术高质量发展之路,致力于成为最值得信赖的国际化工程综合服务商及能源环境发展商。

公司名称: 中国城市建设研究院有限公司
地址: 北京市西城区德胜门外大街 36 号
网址: www.CUCD.cn
电话: 010-57365736

公司简介: 中国城市建设研究院有限公司隶属于国务院国有资产监督管理委员会所属的中国建设科技集团,是经国务院批准设立的城市建设行业综合性的科研设计单位。中国城市建设研究院有限公司环境工程设计研究院为国家级环卫专业研究设计机构,行业中从业人数最多的设计研究院,拥有各类垃圾处理技术人员 300 余人。垃圾焚烧发电设计业绩骄人,生活垃圾焚烧发电厂咨询设计项目 300 余项;项目遍及 20 多个省市自治区和国外。多次获得"全国十大垃圾焚烧发电设计院"排名第一、"最具社会责任感的设计院""垃圾焚烧发电设计最佳服务奖"等多项荣誉称号;建设部华夏建设科技技术奖 9 项,部级科技进步奖、设计奖和示范工程奖 10 余项,北京市优秀工程咨询成果奖、优秀规划设计奖、优秀工程勘察设计奖等 70 余项。

公司名称: 中国五洲工程设计集团有限公司
地址: 北京市西城区西便门内大街 85 号
网址: www.wuzhou.com.cn
电话: 010-83196266

公司简介: 中国五洲工程设计集团有限公司(以下简称中国五洲集团)始创于 1953 年,是中国兵器工业集团有限公司直属全资子集团,公司注册资本 1 亿元,现有从业人员 1636 人,拥有工程设计综合甲级、工程勘察综合甲级、工程监理综合甲级等行业最高资质。在勘察领域、军工、烟草、环卫、民爆和安全技术、民用建筑、以光机电为核心的现代制造业等工程设计领域和工程承包领域形成了核心竞争优势。中国五洲集团组建的环境与能源工程设计研究院,业务范围涵盖环境与能源领域的技术研发、工程咨询、工程设计、项目管理及工程承包业务等全过程服务。其中,环保板块涵盖垃圾焚烧发电、餐厨及厨余垃圾处理、危险废物处理、污泥处理、建筑垃圾处理、工业垃圾处理、垃圾填埋处理、污水处理、烟气净化、臭气治理、土壤修复等领域,能源板块涵盖节能咨询、节能评估、节能减排、城市集中供热、低品位能源利用等领域。中国五洲集团竭诚与各界合作,为国内外业主提供先进的技术和优良的服务。

公司名称： 中国航空规划设计研究总院有限公司

地址： 北京市西城区德外大街 12 号

网址： www.avic-capdi.com

电话： 010-62038336

公司简介： 中国航空规划设计研究总院有限公司创建于 1951 年，是特大型央企——中国航空工业集团有限公司的直属业务板块。公司拥有覆盖工程建设领域全价值链的行业最高从业资质，2007 年国内首家获得工程设计综合甲级资质。现有员工 4000 余人，其中国家勘察设计大师 7 人，享受政府特殊津贴、突出贡献专家 70 多人，具有高级技术职称及国家注册执业资格人员 1300 余人，参与行业标准制定 100 余项，先后荣获国家科学技术进步特等奖、全国十大科技成就奖、全国科学大会奖、中国土木工程詹天佑奖、中国建筑工程鲁班奖、国家优质工程奖等国家级奖项 100 余项，省部级奖项 500 余项。

公司名称： 中冶南方都市环保工程技术股份有限公司

地址： 武汉市东湖高新技术开发区流芳大道 59 号

网址： www.ccepc.com

公司简介： 中冶南方都市环保工程技术股份有限公司隶属于世界 500 强——中国五矿集团—中国冶金科工集团，是由中冶南方工程技术有限公司控股的国家级环保高新技术企业，于 2000 年在国家自主创新示范区——武汉东湖新技术开发区注册成立。公司在能源清洁高效利用、污水污泥处理、固废处理、废气治理、环境修复五大主营业务领域，为众多客户提供了环境保护与资源再生利用工程的技术研究、咨询、设计、设备成套供货、工程总承包建设、工程运行管理、投融资、BT 和 BOT 等服务。

公司名称： 中国核电工程有限公司深圳设计院

地址： 深圳市福田区上步南路锦峰大厦 23 层、14 层

网址： www.cnpe.cc

电话： 0755-820771781、82077061、82077058

公司简介： 中国核电工程有限公司成立于 2007 年 12 月 27 日，以中核集团旗下的核工业第二研究设计院、核工业第五研究设计院、核工业第四研究设计院（核电部分）的主营业务和主干力量为基础重组改制，实现了由科研设计院向 EPC 工程总承包企业的转型。中国核电工程有限公司深圳设计院（前身核二院深圳分院）成立于 1984 年，是隶属于中国核电工程有限公司的直属分支机构，深圳设计院在公司"核电为主、多种经营、深化改革、争创一流"的方针指导下，设计了一大批以深圳世界金融中心为代表的优秀民用建筑，同时也设计了国内第一座生活垃圾焚烧发电厂以及污水处理厂、矿泉水厂、辐照站、化学制药厂等多项工程，为深圳特区建设做出了贡献。

公司名称： 中国电力工程顾问集团华东电力设计院有限公司

地址： 上海市黄浦区河南中路 99 号 2-6 层

网址： www.ecepdi.ceec.net.cn

电话： 021-22015888

公司简介： 中国电力工程顾问集团华东电力设计院有限公司（原中国电力工程顾问集团华东电力设计院，经改制于 2014 年 12 月 29 日更名为现称，简称"华东院公司"）1953 年 3 月创建于上海，是获得国家质量管理体系、环境管理体系、职业健康安全管理体系认证证书，并具有工程设计综合资质甲级、工程勘察综合类甲级、电力工程监理甲级、工程咨询单位资格甲级、工程造价咨询企业甲级、建设项目环境影响评价资质甲级、测绘资质甲级、生产建设项目水土保持方案编制单位水平评价 (4 星) 等证书和对外经营权的独立法人。华东院公司主要承担电力系统规划、火电、核电、新能源和输变电项目的勘察、设计、咨询、监理、总承包等业务。

公司名称： 中国电力工程顾问集团西北电力设计院有限公司
地址： 西安市高新技术产业开发区团结南路 22 号
网址： www.nwepdi.com
电话： 029-88358888

公司简介： 中国电力工程顾问集团西北电力设计院有限公司（以下简称"西北院"）成立于 1956 年 10 月，现为中国能源建设集团规划设计有限公司全资子公司，是具有工程设计综合甲级、工程勘察综合甲级、工程咨询、造价咨询、环境影响评价、测绘等十余种甲级资质的大型国有企业，致力于高端咨询规划、工程勘察设计、工程总承包等业务领域，在能源规划研究、火力发电、新能源发电、输变电、智慧城市建设和环境保护等方面保持全面的行业技术领先优势，具备为客户提供全生命周期一体化服务的雄厚实力，已与全球 30 多个国家和地区建立了业务往来关系。

公司名称： 广州华科工程技术有限公司
地址： 广州市番禺区石碁镇亚运大道 1003 号 3 号楼 701、702、703 号房
网址： www.gwetech.com
电话： 020-84889302

公司简介： 广州华科工程技术有限公司从事能源与环保技术研发与应用，业务范围包括工程咨询、工程设计、工程管理、工程总包；BIM 工程技术研发与应用。业务包括新能源：企业节能减排、分布式能源、生物质能、太阳能；固废处理：生活垃圾前端处理、垃圾资源利用、垃圾发电、工业危废处理、餐厨垃圾处理、污泥处理、医疗废物处理；大气污染处理：有机废气（Vocs）处理、室内有害气体处理、公共场所气体杀菌处理与空气质量提升；高浓度废水处理；土壤修复。公司由享受国务院津贴专家、行业设计大师、各专业专家带头人及技术骨干组成的强势技术团队，在行业具有良好的竞争优势。团队领头人在垃圾发电、固废处理行业有较大影响力。

公司名称： 光大生态环境设计研究院有限公司
地址： 南京市江宁区苏源大道 19 号 九龙湖国际企业总部园 B3 栋

公司简介： 光大生态环境设计研究院有限公司（原江苏省节能工程设计研究院有限公司）成立于 1987 年，具备电力行业（火力发电）专业及市政行业（热力工程）专业乙级的设计资质，同时具有火电、市政公用、建筑、其他（节能）等专业的咨询乙级资质，具备中小型火力发电及热力工程项目的咨询、设计、总承包、项目管理资格和能力。2016 年 2 月，设计院顺利改制，整体转让到光大国际旗下光大环保板块。

公司名称： 中国能源建设集团广东省电力设计研究院有限公司
地址： 广州市黄埔区科学城天丰路 1 号
网址： www.gedi.com.cn
电话： 020-32118000

公司简介： 中国能源建设集团广东省电力设计研究院有限公司（以下简称"广东院"）成立于 1958 年，是具有国家工程设计综合甲级资质的国际工程公司。广东院拥有"咨询规划、勘察设计、工程总承包、投资运营"四大核心业务，致力于在电力、核工业、建筑、网络通信、市政交通、水利、环保、海洋能源和基础设施建设领域，为客户提供一站式综合解决方案和全生命周期管理服务。

图书在版编目（CIP）数据

中国垃圾焚烧发电厂规划与设计 / 赵光杰、王大鹏
主编 .— 沈阳 ：辽宁科学技术出版社，2020.4
ISBN 978-7-5591-1504-1

Ⅰ．①中… Ⅱ．①赵… ②王… Ⅲ．①垃圾发电—
发电厂—建筑设计—中国 Ⅳ．① TU271.1

中国版本图书馆 CIP 数据核字 (2020) 第 014454 号

出版发行：辽宁科学技术出版社
　　　　　（地址：沈阳市和平区十一纬路 25 号 邮编：110003）
印 刷 者：上海利丰雅高印刷有限公司
经 销 者：各地新华书店
幅面尺寸：215 毫米 ×185 毫米
印　　张：16.25
插　　页：4
字　　数：200 千字
出版时间：2020 年 4 月第 1 版
印刷时间：2020 年 4 月第 1 次印刷
责任编辑：鄢　格
封面设计：关木子
版式设计：关木子
责任校对：周　文

书　　号：ISBN 978-7-5591-1504-1
定　　价：278.00 元

联系电话：024-23280070
邮购热线：024-23284502
http://www.lnkj.com.cn